KB059196

나는 여행을
사랑하지 않는다

나는 여행을
사랑하지 않는다

초판 1쇄 인쇄 _ 2022년 9월 1일
초판 1쇄 발행 _ 2022년 9월 10일

지은이 _ 이예은(나린)

펴낸곳 _ 바이북스
펴낸이 _ 윤옥초
책임 편집 _ 김태윤
책임 디자인 _ 이민영

ISBN _979-11-5877-305-2 03980

등록 _ 2005. 7. 12 | 제 313-2005-000148호

서울시 영등포구 선유로49길 23 아이에스비즈타워2차 1005호
편집 02)333-0812 | 마케팅 02)333-9918 | 팩스 02)333-9960
이메일 bybooks85@gmail.com
블로그 https://blog.naver.com/bybooks85

책값은 뒤표지에 있습니다.
책으로 아름다운 세상을 만듭니다. ─ 바이북스

미래를 함께 꿈꿀 작가님의 참신한 아이디어나 원고를 기다립니다.
이메일로 접수한 원고는 검토 후 연락드리겠습니다.

스물에서 서른, 가슴 뛰는 삶을 위해 떠난 어느 날의 여행

나는 여행을
사랑하지 않는다

글 · 사진 _____ 이예은(나린)

바이북스
ByBooks

작가의 말

여행이 멈춰진 지 어언 3년. 나에겐 참으로 고통스러운 시간이
었다. 몸은 이곳에 있지만 마음은 여전히 여행을 했다. 나의 여행
을 조금이라도 더 선명히 기억하기 위해 여행을 그리워하는 마음
을 담아, 스무 살에서 서른, 지난 10년간의 크고 작은 여행의 단편
을 정리해보았다. 설익은 어린 날의 여행부터, 치열한 고뇌의 흔적
으로 가득한 여행까지.

여행을 시작하며

오르고 걷기를 반복했다.

달리고 멈추기를 반복했다.

웃고 울기를 반복했다.

함께하고 혼자이기를 반복했다.

이 책은 어리고 용감했던 지난날의 기록이다.

삶의 따뜻함에 서서히 물어가는 청춘에 대한 기록이다.

마음에 이는 물결을 아무런 꾸밈없이 섬세하게 마주했던 순간
에 대한 기록이다.

누군가에 의해 누려진 적 없던 나만의 세계를 찾기 위해 고군분
투했던 한 인간에 대한 기록이다.

치열하게 겪고 겪어야만 그제야 마음으로 온전히 느끼고 깨닫는 존재에 대한 기록이다.

그래서 어쩌면 되풀이되는 이야기들의 연속일지 모르나 삶이 그러하다는 것을 이야기하고 싶었다. 그래서 나의 여행은 저마다 다른 시간과 공간 속에서 같은 이야기를 한다.

누구나 한 번쯤 자기 몸보다 큰 배낭을 메고 세계여행을 하는 꿈을 꿨을 것이다. 나 역시 그랬다. 처음으로 혼자 비행기를 탔던 날을 아직도 생생하게 기억한다. 어떤 단어로 형용할 수 없는 떨림으로 가득했다. 비행기 이륙에 맞춰 미친 듯이 뛰던 심장의 박동 소리를 기억한다. 나는 그것을 잊지 못해 계속 떠났다.

우리는 누군가와 사랑에 빠졌을 때 엄청난 감정의 소용돌이를 경험한다. 자신도 감당 못할 벅차오름에 허우적거리며 숨이 막히기도 한다. 그럼에도 불구하고 기꺼이 사랑하기를 자처한다. 나에게 여행은 그런 사랑과도 같았다. 그리고 그것은 곧 삶을 향한 열렬한 구애이기도 했다.

무서운 것 없었던 연약하고 치기 어린 청춘의 기록이 당신의 생에 대한 첫사랑을 떠올릴 수 있다면 좋겠다. 이 책을 통해 진정한 여행의 의미와 잊혀가는 삶의 의미를 조금이나마 고요히 생각해보는 시간이 생겼으면 좋겠다.

당신의 삶은 생각보다 더 깊고 무한한 빛을 품고 있으니.

차례

chapter 2 마음이 닿는 곳으로

chapter 3 이토록 그리운

chapter 6 **열렬히 애정하는**

chapter 7 **마지막 이야기**

chapter 1

여행이 나에게

비행

나에게 청춘은 어떤 의미일까? 흔들리고 아프고 고민하고 무언
가를 이루기에는 어려운, 매일 아침이면 익숙하게 들려오는 알람
소리와, 북적이는 사람들 속에 섞여 내가 누구인지 잃어가는 것.
이것이 내가 내린 청춘의 정의였다. 절대 푸르지 않은, 한 치 앞도
보이지 않는 암흑. 청춘은 곧 현실이었다. 물음표보다는 마침표가
많아지는 시기였다. 질문이 없는 청춘은 더 이상 청춘이 아니었다.
나에게 '왜', '무엇을', '어떻게' 할 것인가에 대한 고민은 그저 사치
에 불과했다. 이런 청춘과의 결별이 필요했다.

청춘과의 헤어짐은 결코 쉬운 일이 아니었다. 하던 일을 그만
두고 여행을 떠난다고 했을 때 모두 나에게 부질없는 짓이라 했다.
하지만 나는 '무용지용無用之用'이라는 말을 믿었다. 지금 내가 하는

나에게 청춘은 어떤 의미일까?

모든 질문이 당장은 쓸모없어 보여도 언젠가는 큰 도움이 될 것이라는 믿음이었다.

> "인간의 일생은 모두 자기 자신에게 다다르기 위한 여정, 그러니 길을 찾아내려는 실험이며 그러한 오솔길의 암시이다."
>
> _ 헤르만 헤세

내가 걸어갈 길, 내가 하고 싶은 일에 대한 물음을 하기로 했다. 이것이 내가 여행을 떠난 이유였다. 대단한 삶의 진리를 배우기 위함이 아니라, 나에 대해 질문을 하기 위함이었다. 마침표에서 물음표로 변해가는 과정. 여행은 고단한 내 청춘과의 결별이 시작됨과 동시에 찬란한 청춘과의 만남을 알리는 신호탄이었다.

오늘은 가슴의 두근거림이 유난히 크게 바깥으로 새어 나오는 것 같다. 겁이 없는 편이라고 생각하며 살아왔음에도 여전히 처음 가는 곳에 대한 두려움과 떨림은 늘 공존할 수밖에 없나 보다. 여전히 나의 청춘은 흔들리고 방황한다. 머리보다는 가슴이 이끄는 대로 해볼까 한다. 왜냐하면 나에게 여행은 그 자체로 두려움이었고, 동시에 설렘이기도 했으니까.

'난 무엇을 위해 떠나고 싶은 걸까?'
살기 위해 여행을 떠난다.

삶을 향한 사랑을 되찾기 위해 떠난다.

더욱더 열렬히 사랑하기 위해 떠난다.

나에 대해, 너에 대해 깊이 알아가기 위해,

그리고 조금 더 풍성하고 아름답게 살기 위해 떠난다.

'우리의 인생은 때로 예기치 못한 순간에 반짝임을 마주한다'는
말을 믿어보기로 했다.

매 순간 많이 보고, 많이 느끼고, 많이 만나고, 많이 감사하는 것.

지금 순간에 충실하듯 앞으로 만날 모든 순간에도 충실할 수 있
기를 바란다.

'푸를 청靑 봄 춘春'

조금은 불안하고 약하고,

어딘가 덜 익은 나의 청춘.

쌀쌀한 바람이 부는 12월의 끝자락에

푸른 봄날의 靑春 여행은 그렇게 시작되었다.

배낭의 무게

아르헨티나: 바릴로체

저 멀리 넓은 호수 위로 붉은 석양이 진다. 이곳의 노을은 일상의 따분함조차 황홀함으로 만드는 힘이 있었다. 오늘은 그런 노을을 배경 삼아 짐을 챙겼다. 기간이 정해져 있는 여행자이다 보니, 한 도시에 길게 머물러야 일주일. 어느새 정착보다는 떠남이 익숙해졌다. 여행 초반까지만 해도 내 몸의 두 배나 되는 배낭을 메는 것조차 버거워했지만 이제는 제법 요령이 생겼는지 도움 없이도 잘 멘다. 18kg나 되는 배낭의 무게도 익숙해지는가 보다.

떠날 때마다 짐을 싸는 건 꽤 귀찮은 일이다. 이래서 여행은 가볍게 와야 한다는 말이 있는 건가 싶다. 짐이 많으니 챙겨야 할 것도, 신경 써야 할 것도 많다. 적게 가져왔다고 생각했는데 떠나와

저 멀리 넓은 호수 위로 붉은 석양이 진다.
이곳의 노을은 일상의 따분함조차 황홀함으로 만드는 힘이 있었다.

보니 사용하지도 않는 물건들이 넘쳐나고, 가벼운 몸으로 온 여행자들이 넘쳐난다. 정신없이 짐을 챙길 때면 가끔은 미처 챙기지 못한 물건들도 생긴다. 마당에 널어놓은 빨래, 선반 위에 벗어놓은 선글라스…. 출발한 후에 아차 싶지만, 돌아가기엔 이미 너무 먼 길을 와버렸다. 그래서 매번 짐을 쌀 때마다 '다음에는 최소한의 것들만 챙겨 와야지' 하고 다짐한다.

그러고 보면 여행은 삶과 같다던 말을, 사소한 일상에서 자주 느끼곤 한다.

떠남이 일상인 여행자이다 보니 언제든 쉽게 채비할 수 있게 배낭을 완전히 풀어놓지 않는 것도 습관이 되었다. 필요한 것만 꺼내어 쓸 수 있도록 중간 중간 짐 정리도 잊지 않는다. 그리고 언제나 그렇듯 하루를 돌아보는 것으로 저녁을 마무리한다. 오늘도 역시나 새로운 날이었다. 사람 냄새 나는 정겨운 만원 버스에 몸을 싣고 시내를 구경했고, 호스텔에서 만난 친구와 함께 캄바나리오(Cerro Campanario: 아르헨티나 바릴로체에 위치한 전망대이다. 남미의 스위스라 불리는 바릴로체를 한눈에 내려다볼 수 있다.) 모래언덕을 올랐다. 그곳에서 전혀 기대하지 않았던 아름다운 풍경들을 만났으며 어제까지만 해도 혼자였던 저녁 식사는 친구의 온기로 채워졌다. 우리 모두 처음 만났지만 오래 알고 지냈던 사이처럼 정겹게 대화를 나눴다. 물론 내일이면 배낭을 메고 각자의 여행길에 오른다. 언젠가 다시 만

그러고 보면 여행은 삶과 같다던 말을.
사소한 일상에서 자주 느끼곤 한다.

나자며 마지막 인사를 건네던 친구의 말에 괜히 뭉클했다.

여행을 끝내고 돌아와 지난 여행을 떠올리다 보면 어느 날 문
득, 아무 이유 없이 여행 때 메고 다녔던 배낭의 무게가 사무치게
그리워지곤 했다. 배낭의 무게는 나를 움직이게 하는 원동력이었
고, 계속해서 떠나야 할 이유였다. 배낭에 든 여권과 돈, 옷과 생필

품은 내가 살아가는 데 필요한 것들이었고, 스스로가 챙기지 않으면 아무도 챙겨주지 않는 것들이었다. 그것은 곧 나의 숨결이었고, 걸음이었으며, 삶이었다. 배낭은 삶의 무게처럼 무거웠지만 마음만 먹으면 짊어질 수 있는 무게였다. 오히려 배낭의 묵직함이 나를 더 단단하게 만들었을지도 모른다.

한창 공연을 할 때 연습하는 과정이 너무 고되 모든 것을 포기하고 도망치고 싶었던 때가 있었다. 하지만 공연이 시작되고 무대에 오른 순간 모든 고됨과 걱정은 온데간데없이 사라졌다. 무대 위에 두 발을 딛고 서 있는 건 그 누구도 아닌 나 자신이었고, 내가 해내야 하는 무대임을 알았기 때문이다. 작품을 올리는 과정은 언제나 그렇듯 고달프고 지난하다. 하지만 고달픈 만큼 달콤하고 황홀하다. 배낭의 무게는 나에게 그런 의미였다.

지금 짊어지고 있는 이 가방의 무게만큼이나 다양하게 마주하게 될 감정들은 역시 전부 내가 감당해야 할 것들이었다. 그리고 그것은 그만큼 혼자서 해야 할 것들과 해낼 수 있는 것들이 많아졌음을 의미하기도 했다.

어쩌면 나는 아주 진득하니, 삶을 여행하고 있는 걸지도 모른다. 한 편의 연극처럼 말이다.

막이 올랐다.

다시 한 번, 배낭을 고쳐 메고 걸어보기로 했다.

존재의 증명

볼리비아: 우유니 소금사막

"여행할 장소에 대한 조언은 어디에나 널려 있지만, 우리가 가야
하는 이유와 가는 방법에 관한 이야기는 듣기 힘들다."

_ 알랭 드 보통, 《여행의 기술》

많은 사람은 저마다의 이유로 여행을 꿈꾼다. 긴 여행을 끝내고
돌아오니 사람들로부터 여행을 왜 갔냐는 질문을 많이 받곤 했다.
그들은 무언가 거창한 대답을 원한다. 여행을 다녀오기 전의 나도
긴 여행의 끝엔 엄청난 변화가 있을 것이라는 기대감이 있었다. 하
지만 그것은 기대에 불과했다. 오히려 전보다 더 고통스러운 현실
이 기다렸다. 꿈과 현실 그 사이에서 극심한 혼란을 겪었다. 눈앞
에 실재하는 것과 그렇지 않은 것의 차이는 실로 엄청나다. 그것을

느낀 순간, 이제는 꿈과 현실의 경계선에 벗어날 때가 되었음을 직감했다. 꿈을 살아내기 위해 노력하느냐 혹은 현실에 발을 딛고 살아가느냐 양자택일.

내가 나로 살아있기 위한 선택은 '꿈'이었다.
망망대해같이 끝없이 펼쳐진 우유니 소금사막이 그토록 강렬하게 다가왔던 것은 오히려 여행이 끝난 후 사진 속의 나를 보았을 때이다. 사진 속의 나와 현실의 내가 너무나도 대조적으로 느껴졌기 때문이다.

새벽 3시, 아직은 모두가 잠든 시각. 30분 정도 차를 타고 달렸다. 주위에는 새벽의 고요한 어둠만이 가득했다. 나와 어둠. 세상에 이 두 가지만 존재하듯 아주 평화로운 '무無'의 상태 속에 있었다. 아무것도 보이지 않았지만 분명히 나는 나로서 존재했다. 눈앞의 세계는 아니지만 실제로 존재하는 세계였다. 조금은 낯선, 아주 생경한 경험이었다.

하늘을 올려다봤다. 전날 내린 비 때문에 숨어버린 별들과 구름이 가득한 하늘을 보고 있자니 그렇게나 원망스러울 수가 없었다. 말은 이렇게 해도 그런 건 중요하지 않았다. 별이 눈에 보이든 보이지 않든 지금 우리 눈에 보이는 별도 몇 억 년 전에 이미 생을 다한 별이니, 이 어둠 속에도 어디선가 별이 빛나고 있으리라 생각하면 그만이었다.

비를 가득 머금은 하늘이 두 뺨 위로 빗방울을 하나둘 떨어트리기 시작했다. 이제 이 정도는 자연의 일부로 받아들일 수 있었다. 주위를 감싸고도는 차가운 공기마저 상쾌하게 느껴질 정도로 행복했으니.

아무것도 보이지 않았지만 분명히 나는 나로서 존재했다.

눈앞의 세계는 아니지만 실제로 존재하는 세계였다.

어둠이 사그라들고 저 멀리서 해가 떠올랐다. 일출. 그것은 곧 세상의 시작이었다. 빛과 어둠이 존재하는 이유는 서로의 존재를 증명하기 위해서라고 한다. 무채색이었던 세상이 서서히 오묘한 빛으로 물들어갔다. 백지에 물감이 퍼져가듯 세상은 색을 얻고, 이름을 얻었다.

우리는 그것을 '하늘'이라 불렀고, '땅'이라 불렀다.
그리고 나는 '너'가 되었고, 너는 '우리'가 되었다.

어둠 속의 내가 실제로 존재하는 순간이었다. 끝없이 펼쳐진 소금사막의 풍경을 보고 있으니 마치 다른 세상에 빨려 들어온 기분이었다. 이상한 나라의 앨리스가 토끼굴에 빨려 들어가 '꿈속의 세상'에 도착한 것처럼 이곳은 분명 이상한 나라였다.

전에 본 적 없던 빛깔의 하늘이 사방에 가득했다. 시간의 흐름에 따라 하늘의 색깔은 시시각각 변했고, 하늘과 땅의 경계선을 허물듯 나의 발아래는 또다른 하늘이 펼쳐졌다. 세상에 존재하는 색깔로 표현하기에는 턱없이 부족한, 자연만이 만들어 낼 수 있는 색이었다.

아름다웠다. 하지만 그런 피상적인 단어로 표현할 수 있는 곳은 아니었다. 나의 감정이 그랬다. 지구상에 존재하는 곳이 맞나 싶을 우리는 그것을 '하늘'이라 불렀고, '땅'이라 불렀다.
그리고 나는 '너'가 되었고, 너는 '우리'가 되었다.

정도로 경이롭고, 숭고함마저 느껴지던 곳이었으니까. 별을 보지 못해서 속상한 마음은 이미 사라진 지 오래다. 진한 먹구름과 빛이 만들어낸 세상이 더 큰 선물을 했으니 그것으로 충분했다.

꿈꾸는 세상에 첫발을 내디딘 순간은 언제나 경이롭고 짜릿한 감정을 선물한다. '언젠가 이곳에 다시 오게 된다면 지금 내가 느낀 이 감정을 다시 느낄 수 있을까?' 하고 생각했다. 추위마저 잊을 정도로 가슴 벅차던 이 느낌을 오래 간직해야겠다 다짐했다. 그리고 이곳에 왜 왔는지, 어떻게 왔는지, 무엇을 위해 왔는지 처음 그 마음을 잊지 말아야겠다고 되뇌고 되뇌었다.

여전히 세상 속에는 내가 가보지 못한 무수히 많은 '꿈속의 세상'이 존재한다. 그곳에 갈 수 있을지 없을지 잘 모르겠다. 지금이 맞는지 틀렸는지도 알 수 없었다. 그래도 괜찮았다.

이미 '꿈' 같은 현실이었다.

아주 많은 철학자들은 삶의 본질에 대해 논하고 그것을 찾기 위해 고군분투했다. 그들은 오래전부터 눈에 보이지 않은 것에 대한 탐구를 지속해왔다. 언제나 삶에 대한 끊임없는 물음은 개인의 존재를 증명하기 위해서는 절대적으로 필요했다. 그것이 무엇이길래 그들은 그렇게 많은 질문은 던졌던 것일까.

존재해야만 현실이라 생각했고, 존재하지 않으니 꿈이라 생각했다. 꿈이 한낮 꿈이 된 순간 그것이 고통이었다. 여행이 끝난 후 사진 속의 우유니를 보고 전율을 느낀 이유는 다름 아닌 이상理想을 현실로 가져왔기 때문이었다. 내 여행의 이유를 그때야 찾았다. 어떤 상황과 공간 속에서 요동치는 감정의 물결을 나의 존재로만 느끼는 것이 아니라 마음으로도 느낄 수 있다는 것을 조금은 알 것 같은 기분이었다.

다시는 갈 수 없다고 생각했던 우유니를 나는 다시 가고 있었다.

"어디로 가야 하는지 묻고 싶었어."

"그야 어딜 가고 싶으냐에 달렸지."

"그건 별로 상관이 없어."

"그럼 아무 길로 가도 되겠네."

_《이상한 나라의 앨리스》 중에서

초심자의 행운

프랑스: 파리

처음 파리에 도착한 날, 비가 내렸다. 공항에서 눈알을 굴리며 두리번거리던 나는, 꼭 엄마를 잃은 어린아이처럼 불안에 떨었다. 핸드폰 속 지도를 보며 버스정류장으로 향했다. 무거운 캐리어를 두 손으로 힘겹게 들어 올리자 버스 안의 모든 시선은 작은 동양인 여자에게 집중되었다.

'주눅 들지 마! 내가 꿈꾸던 곳에 도착했잖아. 설렘을 만끽하기에도 부족한 시간이지 않니.'

마음속으로 외치며 버스를 런웨이 삼아 목표 지점인 좌석을 향해 저벅저벅 걸어갔다.

창문 밖으로 타닥타닥 부딪히는 빗방울이 선율이 되어 온몸을 감쌌다.

낭만의 도시 파리, 습한 비 내음 사이로 몽글거리는 설렘이 피어올랐다.

커다란 캐리어를 끌고 덜그럭거리는 돌길을 힘차게 걸었다. 바닥의 충격이 온몸으로 전해졌다. '이러다 캐리어 바퀴가 고장이라도 나면 어쩌지…?' 하는 걱정과 함께 나의 첫 게스트하우스로 향했다. 타지에서 처음 선택한 숙소는 긴장과 낯섦을 완화시켜줄 만한 정감 넘치는 한인 민박이었다. 엄마처럼 푸근한 아주머니께서 환한 미소로 맞이해주는 작고 아담한 게스트하우스.

"아가씨, 이게 방 열쇠예요. 처음에는 열기 어려울 수도 있어요. 이걸 꾹 누른다음 힘껏 돌려야 해요. 안 그럼 계속 헛돌아. 저녁식사는 6시 반에 내려오면 준비해놓을 거니까 편하게 먹어요."

늘 그렇듯 게스트하우스를 안내하던 아주머니가 돌아가시고 나서야 침대에 풀썩 드러누웠다.

'완벽한 이방인의 신분! 드디어 파리에 왔어…!'

고요한 적막이 감쌌다.

'서둘러 나갈 채비를 해야지…! 하루빨리 파리의 낭만을 느끼러!'

작은 가방과 카메라를 양어깨에 크로스로 메고는 지하철을 타러 역으로 향했다. 긴 지하도 구석구석에서 버스킹이 한창이었다.

자기 몸집보다 큰 기타를 메고 노래를 부르던 소년의 연주 소리에 이끌리듯 그 앞에 멈춰 섰다. 한 곡이 끝나고 나서 보내는 눈짓, 아마도 돈을 달라는 거겠지. 좋은 연주를 들려주었으니 보답하라는 건가…. 주머니에서 동전 몇 개를 꺼내어 기타 가방에 툭 하고 내려놓았다. 이 정도 낭만이야 얼마든지 즐겨줄 수 있는 여행 첫날이었다. 물론 앞으로의 여행길에 생각보다 많은 돈을 버스킹에 쓰게될 줄은 나조차도 몰랐지만….

기타 소년을 지나쳐 길게 뻗은 지하도를 지나 계단을 한참 내려가니 그제야 지하철 승차장이 눈에 보였다. 프랑스 지하철에서는 에스컬레이터 따윈 찾아보기 힘들다. 그래서 도착하자마자 캐리어를 들고 올라오며 한참을 후회했다지. '다음부터는 꼭 배낭을 메고 오리라!' 하고.

사실 처음 마주한 프랑스의 지하철의 풍경은 내가 상상했던 모습과는 조금 다른 모습이었다. 약간의 꿉꿉함과 온몸을 휘감는 습기, 그리고 뭐랄까…. 어두컴컴함이 풍겼다고 해야 하나. 반짝이고 푸른 낭만의 색깔보단 빛바랜 낭만의 색깔이 더 잘 어울리는 그런 도시였다.

전철이 오기만을 기다리며 상상의 나래를 펼쳤다. 비가 잔뜩 내리는 파리의 거리에 추운 듯 긴 코트를 여민 채 오가는 사람들, 그리고 그 한 가운데 우두커니 서 있는 소녀 하나. 눈을 마주쳤지만 아무도 그 소녀를 알아채지 못한다. 그 소녀는 저마다 어딘가에 놓고 온 순수함과 여유였다. 마음을 크게 열고 보아야만 하는 세계다. 처음을 잃은 듯, 낡은 마음이 소녀의 손을 잡고 저 멀리 떠나간다.

'툭' 어깨를 치고 지나가는 행인에 정신을 차렸다. 하마터면 탑승 타이밍을 놓칠 뻔했다. 서둘러 사람으로 가득한 전철 안으로 몸을 구겨 넣었다. '이곳의 사람들도 출퇴근 시간 지옥철은 한국과 다르지 않구나…' 안내 방송이 나왔다. 사람이 많으니 다음 열차를 이용하라는 말 같았다. 붙었지만 분명 그런 멘트였으리라. 한참을 문이 열고 닫히기를 반복할 때마다 전철 안 사람들은 마치 파도에 휩쓸리듯 자리를 잡아갔다.

문 쪽에 겨우 자리를 잡고 선 나는 내 소지품 중 가장 고가였던 카메라를 고이 품에 안은 채 등 뒤에 문이 닫히기만을 기다렸다. 여행 중 내 몸보다 더 소중히 다루게 될 이 무거운 카메라를 들고 올 것인가 말 것인가 한참을 고민하다 여행을 제대로 기록해보겠다는 다짐으로 호기롭게 챙겨 왔다. 초보 여행자의 배짱과 욕심이 덕지덕지 묻은, 그러니까 다시 말해 열정으로 가득했던 결정이었다고 하자.

행여나 기스가 나거나 떨어트리진 않을까 전전긍긍하며 온몸으로 카메라를 사수하던 중 내 시선에서 정면으로 보이는 한 커플이 나를 향해 무언가 말을 했다. 수많은 승객 사이로 그들의 입 모양이 얼핏 얼핏 눈에 들어왔다. 분명 나한테 하는 말이 맞는 것 같기는 한데….

"WHAT???"

나도 입 모양으로 힘껏 되물었지만 그들의 불어를 알아들을 리만무했다. 그들은 내가 답답했는지 움직이기도 버거운 전철 안에서 겨우겨우 손을 들어 올려 내 뒤를 향해 다급한 듯 손가락질을 했다. 그제야 나는 그들의 손짓을 따라 시선을 뒤로 돌렸고, 순간 나는 슬로모션이 걸린 사람처럼 짤막한 탄성을 내질렀다.

"어?! 안 돼! 잠…깐…!"

초심자의 행운 따위는 없었던 걸까. 가방 옆으로 살짝 삐져나온 오렌지색 지갑이 눈 깜짝할 사이에 사라졌다. 카메라를 챙기느라 미처 등 뒤로 메고 있던 가방을 신경을 쓰지 못한 탓이다. 눈치를 채고 뒤를 돌았을 때는 한 편의 영화처럼 타이밍 좋게 지하철 문이 닫히고 있었고 저 멀리 두 소녀가 나의 지갑을 가지고 뛰어가는 모습이 눈에 잡혔다. 유럽의 소매치기야 익숙하게 들어왔지만 이렇게나 빨리 당할 줄은 몰랐다. '조심해야지' 여러 번 반복하며 머릿속으로 생각했건만 여행지에서 사람은 아주 쉽게 방심한다. 들뜬 마음을 주체하지 못하고, 눈에 담아야 할 것들이 너무나도 많았던 탓이다.

비 오는 날의 프랑스에서 소매치기라니. 자칫 나쁜 추억일 수 있었던 이 일은 다행히도 여행의 의미를 조금은 가볍게 만들어 주었다. 힘껏 끌어안고 있던 카메라를 내려놓고 긴장으로 가득했던 어깨에 힘을 풀었다. 긴장감과 설렘이 뒤섞인 마음에 정체를 알 수 없는 편안함이 번졌다. '풉-' 나의 웃음에 눈앞의 커플도 함께 웃었다. 지금의 모든 상황에 실없는 웃음이 나왔다. 지갑에 들었던 몇 푼의 현금에 미련이 남기는 했지만 귀한 추억과 맞바꾼 비용이라 생각하기로 했다. 오늘은 부디 두 소녀가 마음 편히 마음껏 원하는 것을 사 먹을 수 있는 행복한 날이 되기를…!

생각보다 금방 여유를 찾았다. 그러려니 하는 마음이 이렇게나 쉬운 것이었나 할 정도로.

아쉬워할 틈도 없이 몇 번의 터널을 지나니 금세 Trocadero 역에 도착했다. 좌절을 느끼기에 터널은 아주 잠시면 된다. 저 멀리에서 오라며 거대한 몸짓으로 손짓하는 목적지를 향해 걸었다. 우산을 살짝 들어 올려 눈앞에 에펠탑을 봤다.

'우와-'

짧은 감탄사를 내뱉으며 한참을 그 자리에 서 있었다. 얼굴 위로 떨어지는 빗방울에 옅은 미소가 번졌다. 빨간 우산을 쓴 소녀가 인사를 건네온다. 그제야 마음을 크게 열고 온 몸으로 이곳의 여유를 만끽할 수 있었다.

차가운 공기와 뒤섞이는 봄을 알리는 따뜻한 온기.

낭만의 도시 파리에서의 여행은, 그렇게 시작되었다.

차가운 공기와 뒤섞이는 봄을 알리는 따뜻한 온기.
낭만의 도시 파리에서의 여행은, 그렇게 시작되었다.

여행의 만족

스페인: 세비야

　이번 여행은 유독 스페인에서 보내는 시간이 길다. 먹고 자고 마시고 즐기는 게 스페인의 음식 문화라던데, 어느새 이런 패턴이 몸에 배었는지, 요즘의 일상은 상당히 단조롭다. 해가 뜨거워지기 전에 나가서 거리를 활보하다 3시간 정도가 지나면 자연스레 숙소로 들어온다. 그리고는 침대에 눕는다. 그 상태로 한참 잉여로운 시간을 보내다가 해가 지기 전에 다시 외출을 한다. 나가서 딱히 하는 건 없다. 그냥 걸을 뿐이다. 그러다가 괜찮은 곳을 발견하면 앉아서 책을 읽는다. 책이 없다면 가만히 공상에 빠진다. '책 챙겨올걸….'이라는 짤막한 탄식과 함께.

오후의 외출 대부분은 하루 동안 채워야 하는 활동량이거나 여행이라는 이름으로 무언가라도 해야 할 것 같은 압박감 속에 이루어진다. 이런 일상의 반복은 지금 지내는 도시를 즐기는 나만의 방법이 되었다. 하지만 이곳에선 이마저도 뜨뜻미지근하다.

또다시 떠남이 며칠 남지 않았다. 아니 이제 겨우 몇 시간. 왜 여행은 늘 떠나야 할까. 왜 늘 자극적이고 새로워야 할까. 잦은 도시 이동이 꼭 여행의 필수요소여야 할까. 그것이 소위 우리가 말하는 '여행의 조건'을 좌우하는 걸까.

윙윙거리는 선풍기 소음과 거리의 음악 소리가 한데 섞여 정신이 몽롱했다. 큰 창문 너머로 흥에 취한 〈Despasito〉 노래와 함께 사람들의 환호성이 들려온다. 그리고 내 침대 위엔, 마치 늘어진 테이프처럼 심장을 울리는 베이스 리듬만이 덩그러니 남겨졌다.

지나가는 밤이 아쉬워 정리되지 않는 감정들을 붙잡으며 홀로 맥주를 마셨다. 올리브유을 곁들인 바게트에 하몽Jamon을 올려 한입 베어 물었다. 소금기 가득한 입안으로 맥주를 연거푸 들이켰다. 건조와 숙성, 그 지겨운 과정을 반복한 이 짜디짠 하몽은 시간이 지나도 맛이 변하지 않는다던데, 괜히 그게 진짜인지 시험해보고 싶어졌다. '시간이 지나도 지금처럼 여전히 자극적일까?' 하는 물음.

　변하지 않을 것 같던 것들이 변하기 시작했다. 가령 내가 여행을 대하는 태도, 사람을 만나는 방법, 누군가와의 불타던 사랑, 무언가에 대한 열정, 삶의 방향 등. 돌이켜보면 모든 것들은 서서히 변했다. 숙성의 시간이 부족했던 탓일까. 어쩌면 지금껏 아주 강하게 자리 잡고 있던 확신은 무언가 숨기고 싶었던 두려움 때문이었을지도 모른다.

　맥주가 다 떨어졌다. 쓰고, 짜고, 달고. 단조로운 일상에 오늘은 쓴맛이 더해졌다. 디저트로 복숭아를 한 입 베어 물었다. 마무리는 달콤하길 바라는 괜한 욕심.

이상하게 이번의 여행은 재미라든가, 설렘이라든가 하는 감정들보다는 차분함과 어쩌면 우울에 가까운 감정들이 더 많다. 하지만 썩 나쁘진 않다. 오히려 이런 극도의 차분함은 모든 것들을 아주 섬세하게 느끼게 한다. '과연 나는 아무런 사건도 없는 여행의 일상에서 특별함을 찾아낼 수 있을까? 그리고 그 속에서 무언가를 써 내려갈 수 있을까?' 하는 그런 의문. 여백이 많은 시간을 통해 스스로에 대한 '확신' 비슷한 것을 찾고 있다.

폭염이 뭐라고

구인구직란을 보고 무작정 메일을 보냈다. '스태프 아직도 구하시나요?' 피렌체와의 인연은 그렇게 시작되었다.

예정에도 없던 피렌체에서 한인 민박 스태프를 한 지 2주째. 유럽 전역에서는 사상 최대의 폭염이라는 뉴스가 곳곳에서 터져 나왔다. 일사병에 쓰러지는 사람들이 속출했다. 피렌체도 예외는 아니었다. 40도가 웃도는 기온에서 살아남을 수 있는 방법은 외출을 자제하는 것뿐이었다. 가만히 서 있어도 땀이 주르륵 흐르는 날씨에 온 도시 전체가 에어컨 실외기를 틀어놓은 듯했다. 선풍기를 틀어놓은 실내도 별반 다르지 않았다. 전기세가 유독 비싼 피렌체에서 되도록 창문을 열어놓고 지내려고 했지만 결국 전기세 폭탄을 선택했다. 낮이 긴 백야현상 탓에 더위는 늦은 저녁까지

'여행'이라는 명분으로 매일같이 특별함을 찾고
익숙함을 거부해야만 될 것 같았다고나 할까.

계속되었다.

아침 10시, 발끝에서부터 느껴지는 뜨거운 태양에 이불을 걷어찼다. 오늘의 날씨 역시 변함없이 더운 날이 이어졌다. 도로에는 아지랑이가 피어오르고 산 지 1분도 안 된 젤라토는 손등을 타고 주르륵 녹아내렸다. 간만의 휴일이었지만 이런 날의 외출은 불쾌지수만 높일 뿐 득이 될 게 하나도 없었다. 제대로 여행조차 할 수 없는 날씨 탓에 괜히 우울해졌다. 한참을 고민하다 결국 에어컨이 켜진 거실 소파에 누워 낮잠을 청하기로 했다. 그때 커다란 한숨과 함께 땀을 흘리며 숙소로 들어오는 누군가의 목소리가 들려왔다.

"여기가 파라다이스네… 원래 여행은 편히 쉬는 게 최고야. 많이 돌아다닌다고 좋은 여행이 아니라니까. 오늘 같은 날씨엔 더더욱."

온종일 더위에 지쳐 우울해하던 나에게 누군가 머리를 한 대 쥐어박으며 말하는 것 같았다. 알고 있는 사실이었지만 인정하고 싶은 마음과 거부하고 싶은 마음이 동시에 일어났다. '여행'이라는 명분으로 매일같이 특별함을 찾고 익숙함을 거부해야만 될 것 같았다고나 할까.

더 많이 찾고, 더 많이 보고, 더 많이 느껴야 했다. 이것은 마치 수학 공식과 같았다. 하지만 여행 역시 시간이 지날수록 권태로움이 늘어났고, 완벽하다 믿었던 공식이 깨지는 날들이 빈번했다. 그

것을 인정하기까지가 참으로 힘들었다. 왜냐하면 여행이 매 순간 특별할 수 없다는 사실을 인정하는 순간 나의 특별함도 함께 사라지는 듯했으니까. 차가운 에어컨 바람이 옷 속으로 파고들었다. 정신이 번쩍 들었다.

그날은 유난히 마음이 가벼운 날이었다. 하루에도 일기예보를 몇 번씩이나 봤다. 날이 풀리자마자 나가겠노라 하고. 오늘만큼은 제발 비가 내려주길 바랐다. 이런 내 마음에 응답이라도 하듯 일주일 넘게 이어진 폭염으로 지쳐 있던 도시에 단비 같은 소나기가 내렸다. 창문 너머로 시원한 바람이 불어왔다. 그러나 정작 비가 오니 나가고 싶다고 노래를 불렀던 사람이 맞나 싶을 정도로 가만히 있었다. 그저 창문으로 불어오는 바람을 느끼는 것만으로도 행복했다. 질퍽거리는 땅보단 산뜻한 이곳이 더 어울렸다. 사람 마음이란게 이렇게도 얕고 간사하다니….

어느 하나 완벽한 것도, 특별한 것도 없는, 부족하고 권태로운 미완성의 일상에서 만끽하는 황홀. 그곳에서 행복을 보았다. 어쩌면 나는 지난날의 폭염이 싫었다기보다, 풀어내지 못한 열병 같던 내 마음이 싫었던 건지도 모른다.

창문을 활짝 열고 거리에서 울려퍼지는 연주 소리와 함께 빗 내음 가득한 공기를 집안으로 들였다.

어느 하나 완벽한 것도, 특별한 것도 없는,
부족하고 권태로운 미완성의 일상에서 만끽하는 황홀.
그곳에서 행복을 보았다.

여행에도 여백이 필요해

영국: 런던

몇 년 전 영국을 처음 왔을 때 나는 영국 특유의 분위기에 매료됐다. 추적추적 비만 내리는 이곳이 뭐가 그렇게도 좋았던지 마치 운명의 나라를 만난 것 같은 기분이었다. 여전히 좋은 이유는 알 수 없다. 좋아하는 데는 이유가 없으니까. 어쩌면 영화에서만 보던 브리티시 발음에 반한 걸지도 모르겠다. 어쨌든 그 뒤로 줄곧 영국은 다시 가고 싶은 여행지 1순위에 있었다. 그런 곳에 다시 왔다. 익숙한 도시 냄새와 아스팔트로부터 올라오는 습기 가득한 온도. 삭막함과 차분함이 묘하게 뒤섞인 이 도시가 좋았다. 이런 곳에서 의외의 온기를 발견할 때의 기쁨은 의외로 어마무시하다.

여행 일주일 차. 북적이던 여행자들에게서 벗어나 처음으로 혼자 보내는 하루였다. 런던에서 조금 떨어진 도시 비숍스 스토포드

Bisop's storford, 오늘은 낯선 이 동네를 둘러보기로 했다. 고요한 동네에 뜨거운 햇살이 교향곡처럼 드리운다.

한적한 마을 골목을 지나니 활기 가득한 중심 거리가 나왔다. 이곳이 목적지가 맞는지 헷갈렸다. 사실 목적지는 없었다. 그저 걸을 뿐이었다. 그러다 문득 목이 말라 근처 카페로 무작정 들어갔다. 로즈베리 레모네이드와 초콜릿 쿠키를 시켜 거리가 한눈에 내려다보이는 창가에 자리를 잡고 앉았다. 나른한 오후의 햇살과 백색소음이 잔잔히 뒤섞인다.

이곳의 북 카페의 종업은 굉장히 친절하다. 카페에 오는 모든 손님에게 말을 걸며 오늘이 하루는 어떠했는지 다정하게 물어본다. 전부 알아듣지는 못했지만 대부분 살가운 인사와 함께 "저번에 하던 일은 잘 끝났어요?", "지금 읽고 있는 책은 어때요?"와 같은 관심 어린 질문들이다. 그의 시선이 유독 오래 머무는 곳이 있었다.

머리 희끗희끗한 할아버지가 계속해서 자신 앞의 부인에게 묻는다. "Honey. Can you hear me?" 그녀는 아주 느린 동작으로 고개를 끄덕였다. 그제야 안도의 숨을 내쉰 할아버지는 그녀의 무릎 위에 흩어져 있는 담요를 정리하고는 휠체어를 밀었다. 소년 같은 미소를 지어 보이던 종업원은 그들을 향해 조심히 가라며 인사를 건넨다. 오늘 얼굴이 좋아 보이니 내일도 꼭 만나자며 손을 흔든

다. 그의 모습에서 익숙한 따뜻함이 느껴져 그 온기가 나에게까지 전해지는 것만 같았다.

카페에 오래 앉아 있다 보면 문을 열고 들어오는 이들의 삶을 엿보게 된다. 이 공간에서 사람들은 어떤 대화를 하고, 어떤 것을 먹고 어떤 표정을 짓는지. 창문 너머로 걸음을 옮기는 사람들의 사라지는 시간을 눈에 담는다. 가끔 여행자에서 현지인으로 전이되는 순간이 있다. 가령 오늘 같은 날이 그렇다. 늘 오던 카페인 양 들어와 음료를 시키고 창가에 앉아 지나가는 사람들은 신경도 쓰지 않은 채 오로지 나의 할 일에 집중하는 시간이 그렇다.

온종일 카페에 앉아 멍 때리는 그런 날.
노트북과 책을 펴놓고, 정말 펴놓기만 하는 그런 날.
따뜻했던 핫초코가 차갑게 식을 때까지 한 모금도 마시지 않는 그런 날.
그러다 갑자기 벌떡 일어나 온 동네를 미친 듯이 걷는 그런 날.
그리고 집에 와서 기절하듯 잠이 드는 그런 날.
무료함 자체에 매료되는 그런 날.

노트북을 켜고, 글을 쓰다 이내 더 이상 움직이지 않는 손가락을 보고 의자에 기대어 오고 가는 사람들을 하염없이 바라봤다. 몇

시간이나 지났을까. '아 맞다. 여기 한국이 아니었지.' 하고 정신이
차려졌다.

　허전함을 채우기 위한 발악은 아주 미세한 신경 세포를 타고 손
끝의 감각으로 전해졌고, 나도 모르게 책을 손에 들었다. 또다시
여행의 자극적인 것을 찾아 습관적으로 움직였다. 여행의 환상은
끝났지만 마음은 멈추지 않았다. 여백을 견뎌내지 못하고 계속해
서 마음과 시선에 잘 세공된 무언가를 채워 넣어야 했다.

　사실 오늘과 같은 일련의 시간들은 여행 중 폭풍우처럼 몰아치는 감정을 절제하기 위한 나만의 장치에 불과하다. 이렇게라도 여백을 줘야 했다. 인풋과 아웃풋의 적절한 조절이랄까. 모든 순간을 폭넓게 느끼되 깊이 빠져들지 않기 위한 브레이크 같은 시간이다.

　여행하면서 깨달은 것은 삶의 어느 한 부분을 외면하고 잊고 싶을 정도로 여행에 빠져드는 건 위험하다는 것이었다. 여행은 순간적이지만 순간적이기만 해서는 안 된다. 위험하게 중독되는 자극

적인 마약보다는 매일 아침 눈뜨는 일처럼 당연한 것이 되어야 했
다. 죽어있는 것이 아니라 수많은 것들이 모여 하나의 세상을 이루
듯 '살아있는 것'이어야 했다. 삶이 여행이어야 했고, 여행이 삶이
어야 했다. 빈 공간에서 발견하는 의외성의 기쁨을 만끽할 줄 아는
게 필요했다.

　여행의 의미는 반드시 그래야 했다.

chapter 2

마음이 닿는 곳으로

미지의 세계

이집트: 다합1

'등장부터 완성형이었다고 불리는 신비로운 나라 이집트.' 이 문장 하나로 단번에 나의 관심을 끌기에 충분했다. 이유는 알 수 없었다. 마음이 갔고 호기심이 생겼다. 간절히 원하면 이루어진다고 했던가. 단 한번도 상상해보지 못했던 나라로 떠나게 되었다. 다양한 신들이 존재했던 그곳. 이번 여행은 태양의 신 라Ra의 초대에 응해볼까 한다. 이집트의 상징 피라미드부터, 홍해를 품도 있는 시나이반도까지. 반짝이는 나일강 위로 펼쳐지는 경이로움을 따라가는 여행이 될 것 같다. 이런 걸 보면 나는 어쩔 수 없이 여행하며 살아야 하는구나 싶다.

나에게는 매번 여행을 떠나기 전에 겪는 감정의 곡선이 있다. 한두 달 전에는 마냥 들뜨고 설레어서 뭐든 다 할 수 있을 것 같은 자신감으로 가득 차다가도 시간이 지날수록 그 설렘은 두려움과 걱정으로 바뀌어 온갖 상념에 빠지는 시기가 온다. 시시각각 여행을 대하는 태도가 달라진다. 그러다가도 막상 떠나는 날이 되면 미친 듯 뜀박질하는 심장을 애써 진정시키며 비행기에 올라타곤 한다. 이렇듯 여행이라고 하는 건 준비 과정부터 꽤 많은 감정들을 선물한다. 아주 짧은 찰나 속에 인생이 담겨 있는 것 같다고나 할까.

이번 여행지는 이집트의 유명 휴양지인 다합이다. 아름다운 홍해를 품도 있는 시나이반도에 위치한 다합은 많은 다이버의 성지라 불리는 곳이다. 물을 무서워하는 내가 그곳에 가기로 했다. 그것도 다이빙을 배우러 말이다. 시작부터가 심상치 않다. 어떤 마음으로 이곳을 선택했는지는 알 수 없다. 인간은 때로 본인이 인지하기도 이전에 다양한 선택을 하곤 하는데, 이번의 경우가 그렇다. 낯섦과의 조우. 두려움과 설렘을 동반한 두근거림. 그 묘한 감정을 간직한 채 여행길에 올랐다.

"Welcome to Egypt. It will be a good time for you."

경유만 두 번. 21시간의 비행을 마치고 처음 마주한 이집트는 무척이나 메마른 땅이 아닐 수가 없었다. 녹색이라고는 찾아볼 수 없는 사막에 가득 세워진 각진 건물들과 약한 바람에도 모래가 휘날릴 것 같은 대지는 차가운 분위기를 가득 풍겼다. 말로만 듣던 '광야'였다. 《문명 기행, 내 안의 이집트》라는 책에서는 이집트를 '물과 태양의 나라, 공정함과 정의와 아름다움이 의미가 있던 나라'라고 표현했다. 이 삭막하기 그지없는 곳을 왜 물과 태양의 나라라고 했을까.

공항 벽면에 그려져 있는 벽화가 눈에 들어왔다. 커다란 강줄기 옆으로 창을 든 신들이 나란히 서있었다. 날카로운 듯 기개가 넘치는 신들의 눈빛은 금방이라도 살아 움직일 것 같은 느낌을 줬다. 아주 잠깐이었지만 그들이 품고 있는 신비로움은 이집트의 모습을 궁금하게 했다.

거친 광야로 가득한 카이로를 지나 최종 목적지 다합에 도착했다. 다합은 이집트를 하면 떠올릴 만한 광활한 사막과 피라미드와는 사뭇 대조적인 생명의 기운이 가득 넘치는 푸른 바다를 품고 있는 도시였다. 아직도 테러와 전쟁의 경계선에 있는 도시라고 하기엔, 눈앞의 잔잔한 파도가 너무나도 평화로워 이질적으로 느껴질 정도였다. '이집트에 이런 곳이 있었다니…' 감탄사가 절로 나오는 풍경에 미소가 지어졌다.

사막과 어울리지 않는 물이 왜 이집트를 표현하는 단어가 되었는지 조금은 알 것 같았다. 이곳이 바로 탐스러운 젖줄 나일강은 물론 아름다운 미지의 홍해까지 품도 있는 나라였다. 이집트는 내가 알고 있던 것보다 다양한 모습을 간직한 나라가 아닐까 하는 기대감이 생겼다. 이렇게 매력 넘치는 곳에서, 내일부터는 본격적으로 바다를 만나보려 한다.

새로운 순간을 마주할 때 두려움이 따르는 것은 당연하다. 약간 변태적이긴 하지만 그 두려움이 온몸을 감싸고 돌 때 희열을 느끼기도 한다. 여행이 주는 해방감이다.

'등장부터 완성형이었다고 불리는 신비로운 나라 이집트.'
이 문장 하나로 단번의 나의 관심을 끌기에 충분했다.

나는 여행을 사랑하지 않는다

이번 여행은 두려움과 여행의 상관관계에 대한 아주 깊은 고뇌들로 이루어질 듯하다.

내 안의 두려움

애증의 바다와 본격적으로 만나는 날. 스쿠버 다이빙 수업이 본격적으로 시작됐다. 기대 반, 두려움 반. 10kg가 넘는 웨이트(바다에서 중성 부력을 위해 허리에 착용하는 납 벨트)와 무게는 가늠도 안 되는 무거운 공기통을 메고 물속으로 들어갔다. 확실히 바닷속은 미지의 세계이다. 순식간에 온몸을 사로잡는 두려움에 걱정이 앞섰다. 잘할 수 있을 것 같았던 자신감은 어디로 갔는지, 숨을 내쉬는 것조차 어렵게 느껴졌다. 지금 내가 유일하게 할 수 있는 것은 이 한 몸 오로지 입에 물고 있는 호흡에 의지해 바다에 몸을 맡기는 일뿐이었다.

인간이란 얼마나 나약한 존재인가. 바다에서는 그에 맞는 호흡법을 배워야 했고 몸과 마음에 여유가 필요했다. 하지만 생각대로 되지 않는 것이 삶이라 했던
가. 방황하는 손과 점점 아파
오는 귀는 아득해지는 정신을
더 멀리 데려가는 듯했다. 어
느 곳 하나 단단함이라고는
찾아볼 수 없는 물속에서 벗
어나고 싶어졌다. 육지의 안
정감이 몹시도 그리웠다.

어떻게 끝이 났는지 모를
첫 번째 입수를 마치고, 두 번
째 입수가 되어서야 조금씩
적응이 되는 듯했다. 물속에
서만 느낄 수 있는 가벼움에
동화되고, 수면 아래로 떨어
지듯 반짝이는 물빛을 느껴본
다. 여전히 미지의 세계에 대
한 두려움이 완전히 사라진
것은 아니었지만 조금씩 여유
를 찾아가고 있었다. 머릿속으로 계속해서 되뇌었던 한마디. '괜찮
아. 침착하자.'

늦은 저녁, 지친 몸을 이끌고 《SCUBA DIVE》라고 적힌 책을 펼치고는 열심히 자격증 공부를 했다. 사실 불안함을 조금이라도 잠재우기 위해 이론 공부에 매달렸다고 하는 게 맞을 것 같다. 머리로라도 알고 있으면 위기 상황에서 조금은 덜 당황하지 않을까 하는 그런 생각. 하지만 언제나 그렇듯 위기의 순간에는 머리가 백지장이 되고 말았다. 다시는 그런 일이 없도록 감기는 눈을 애써 떠가며 시험공부에 몰두했다. 순간, 내가 살고자 하는 욕망이 이렇게나 강한 사람이었나 싶었다. 어찌 되었든 사람이라는 건 언제나 자기 합리화를 하며 살아가는 존재이니 오늘만큼은 삶에 대한 열망으로 가득한 날이라 생각하기로 했다.

다행히 걱정했던 것과는 다르게 하루하루 물속에서의 새로운 재미를 알아가는 중이다. 두려움이 설렘으로 바뀌는 순간은 언제나 짜릿하고 가슴 뛴다. 아직 깊고 푸른 심해보다는 얕고 거친 모랫바닥이 조금 더 친숙하지만, 언젠가는 더 깊은 바닷속에 '코끼리 조각상(다합 바닷속에 있는 조각상으로 여행자들에게 유명한 다이빙 스폿이다.)'을 보러 갈 수 있는 날이 오지 않을까 하고 기대해본다.

사람은 적응이 참 빠른 동물이다. 고작 며칠 물에 들어갔다 왔다고 오늘은 비교적 무서움이 덜했다. 첫날 애를 먹었던 이퀄라이징(압력 평형 기술 : 유스타티 오관을 통해 중이 부분에 공기를 밀어 넣어 외부와

의 압력 차이를 해소해주는 것)도 귀가 아프기 전에 잊지 않고 하는 나름의 비결을 터득했다. 바닷속의 호흡법에 적응해가는 중이다. 암흑이라 느껴졌던 물속이 조금씩 평화롭게 느껴지기 시작했다. 하지만 몸이 마음처럼 따라주지 않을 때면 온몸을 휘감는 두려움에 덜컥 잡아먹혀 조급해진 마음과 함께 나도 모르게 힘이 들어가곤 했다. 그럴 때일수록 천천히, 그리고 침착해야 한다며 자신을 다시한 번 타이른다.

물은 나에게 풀기 어려운 숙제이자 애증 관계였다. 어릴 적 바다에서 놀다가 거센 파도에 몸이 뒤집혀 죽을 정도로 물을 잔뜩 마신 적이 있다. 겨우 용기를 내어 바다에 다시 들어갔을 땐 비닐봉

지인줄 알고 무심코 들어올렸던 것이 해파리였고, 나는 그 자리에서 독에 쏘였다. 그 뒤 나는 발이 닿지 않는 물속이 늘 무서웠다. 어린 시절 기억 중 바다가 행복했던 적은 단 한 번도 없었다. 그 후로 트라우마를 극복해 보고자 여러 번 시도했지만 물속으로 들어가는 순간 푸른 바다는 잿빛으로 변했고, 어디선가 덩치 큰 상어와 고래, 소용돌이 같은 물보라가 나타나 잡아먹히는 괴이한 상상들이 펼쳐졌다. 그러고는 발버둥치듯 수면 위로 올라와 거친 호흡을 내쉬기를 여러 번.

여름휴가 시즌 때면 물놀이장이나 해변, 계곡 등 물놀이를 한다며 떠나는 친구들을 보면서 부러움 반, 이해되지 않는 마음 반이었다. 물놀이에서 재미라고는 전혀 느낄 수 없던 나였기에 여름은 더위에 지치기만 하고 아주 지루한 계절일 수밖에 없었다. 그러면서도 물과 친해지고 싶은 마음에 여행을 갈 때면 꼭 수영복을 한 벌씩 챙기곤 했다. 호텔 수영장에 발만 담근 채 살랑살랑 물장구를 치거나 그것보다 조금 더 용기를 낼 때면 발이 닿는 깊이의 풀장에서 겨우 벽을 잡고 물에 들어가는 정도가 전부였지만 말이다.

이랬던 내가 며칠 사이에 물을 무서워하던 사람이 맞나 싶을 정도로 많은 것들이 변했다. 내 입에서 바다에 빨리 들어가고 싶다는 말이 나올 줄 누가 상상했을까. 스쿠버 다이빙은 하면 할수록 재미있어질 거라던 주변 사람들의 말을 실감하는 중이다. 어린아이라

도 된 것 마냥 '한국에 돌아가면 꼭 여름에 물놀이를 가야지!' 하고
매일 다짐했다. 지난 십 몇 년간 나를 옭아매고 있었던 두려움이
단 며칠 만에 사라졌다는 사실이 여전히 믿기지 않는다. 지금껏 나
는 무엇을 믿고 살았던 걸까. 왜인지 누군가에게 속기라도 한 것처
럼 억울하기도 했다.

두려움을 마주한다는 것은 뭘까. 그것은 아마도 자신의 연약함
을 마주하는 것이 아닐까. 바라볼 수 없다 생각했던 자신의 약함을
바라보는 것, 그러기 위해선 속도를 늦추고 한발씩 용기를 내어보
는 게 아닐까.

처음인 것처럼 호흡하며 나는 여전히 익숙하지 않은 삶의 방식

을 하나씩 배워가는 중이다.

들숨. 날숨. 한 호흡 내뱉을 때마다 느껴지는 어떠한 신비로움.

내가 바다로부터 배운 첫 번째 지혜다.

그것으로 오늘의 하루는 이미 충분했다.

어제와는 다른 한 걸음 내디뎠으니.

소란스러운 마음

이집트: 다합3

스쿠버 다이빙 오픈워터와 어드밴스드 과정이 모두 끝이 났다. 다합에서 생활한 지 일주일째. 지난 7일 중 대부분의 시간을 바닷속에서 보냈다. 무서워했던 바다를 재미있게 즐기는 날이 오다니, 아직은 믿기지 않은 모습이다. 벌써 다이빙 여행지를 찾아보기 시작했다. 새로운 세계를 경험하고 새로운 세계를 꿈꾼다. 삶이라는 미지의 세계를 떠돌아다니며 오늘도 바닷속으로의 여행을 시작한다. 수심이 깊어질수록 짙어진다. 짙어지는 만큼 강해진다. 거대한 산호들과 물고기들이 가득한 곳에 가니 다시금 두려움이 생기는 듯했지만 이 또한 차츰 익숙해지리라 생각했다. 돌이켜보면 내가 가지고 있던 바다에 대한 두려움을 사실은 형체가 없는 두려움이었을지도 모른다.

이곳은 여행을 일상처럼 느끼게 하는 힘이 있다.

이곳의 시계는 다르게 흘러가는 것 같다. 지나가는 시간이 아쉽게 느껴지는 건 지금 나의 모습이 너무나도 좋기 때문이지 않을까. 돌아갈 생각을 하니 씁쓸함이 밀려왔다. 확실히 이곳은 여행자들의 무덤이 틀림없다. 지낼수록 더 있고 싶어지는 매력 넘치는 곳이다. 이곳은 여행을 일상처럼 느끼게 하는 힘이 있다. 공간이 주는 힘은 실로 엄청나다. 따지고 보면 특별할 것 없이 작은 이 도시가 사람들의 발을 묶어버리는 데는 그만한 이유가 있었다. 이곳이 가진 특유의 매력은 와본 사람만이 알 수 있었다.

오늘 아침 일찍부터 요가 수업으로 하루를 시작했다. 전에 없던 부지런함이 몸에 배기 시작했다. 1분 1초로 허투루 쓰고 싶지 않은 욕심 이랄까.

이른 아침, 고요함에 동화되는 이 시간은 정리되지 않은 상념들과 감정으로부터 잠시 벗어나는 시간이다. 내 몸에 집중해본다. 몸의 열기가 서서히 올라가면 이마에 땀방울이 흐른다. 창문 밖으로 햇살이 비추기 시작한다. 태양의 힘을 받아 발끝과 손끝까지 에너지를 실어 보낸다. 땅의 기운과 물의 기운, 그 경계선에 있는 공기의 모든 기운까지 온몸으로 받아낸다.

파드마 아사나(Padmasan : 요가의 가장 기본자세)

'오늘 하루 나에게 주어진 호흡을 어떻게 사용할 것인가요?'

우티타 파르스바 코나 아사나(Utthita Parsva Kona Asana : 뻗은 측면
자세)
'오늘 나는 어떤 하루를 보내고 싶은가요?'

긴 호흡과 함께 입에서 명치로, 명치에서 단전으로. 생명의 길
을 튼다. 지나가는 시간을 아쉬워하지 않기로 했다. 오늘 만날 시
간에 대한 기대감으로 하루를 시작한다. 바다를 만나고 하늘을 만
나고, 그 매력에 흠뻑 젖어 충만함을 느끼는 것으로 아쉬움을 달래
면 된다. 그렇게 연습한다. 슬픔과 아쉬움을 즐거움으로 받아들이
는 연습을 하며 강해져 간다. 살아있음을 느끼는 것은 지금 순간이
면 된다.

화장기 하나 없는 못난 모습이지만 요즘 내 사진에선 행복함이
묻어난다. 해가 뜨고 달빛이 비치는 순간까지 한껏 단단해진 마음
으로 밤거리를 걸었다. 복잡한 생각을 하기엔 달빛이 너무 예뻤다.
지난밤 늦은 새벽까지 옥상에서 맥주를 마시며 별을 봤다. 커다란
별똥별이 떨어졌다. 소원을 빌기엔 너무 순식간에 지나갔다. 마치
이곳에서의 시간처럼. 그래서 소원 대신 고마움을 전했다. 모든 시
간이 더할 나위 없이 좋았노라고.

달이 밝다.

여전히 많은 청춘의 밤은

저마다의 이유로 불안하다.

하지만 괜찮았다.

소란스러운 마음조차

찬란한 달빛으로 가리면 그만일 테니.

달이 밝다.
여전히 많은 청춘의 밤은
제마다의 이유로 불안하다.
하지만 괜찮았다.
소란스러운 마음조차
찬란한 달빛으로 가리면 그만일 테니.

꿈꾸던 세계

'과연 내가 저 깊은 바다에 들어갈 수 있을까?' 하고 하루에도 수십 번 스스로를 의심했다. 물과 어느 정도 친해졌다고 생각했지만 아직까지 아무런 장비 없이 물과 만나는 일은 여전히 어렵다. 그럼에도 불구하고 욕심이 생겼다. 스쿠버 다이빙에 제법 재미를 붙이자 바다를 조금 더 제대로 만나고 싶어졌다. 그래서 나는 프리프리다이빙에 도전해보기로 했다. 물론 누군가는 무리라고 말하기도 했다. "굳이 바다를 즐기기에도 아까운 이 시간에 또 무언가를 배운다고?" 그 말을 듣자 오기가 발동했다. 사실 정확히 말하면 이번이 아니면 영영 바다를 만날 수 없을 것만 같았다. 왜인지 지금의 용기가 영원하지 않을 것 같은 괜한 걱정이 앞섰다고나 할까.

물속에서 자유를 만끽한다는 건 어떤 기분일까? 수없이 상상

했지만 도무지 알 길이 없었다. 나의 세상은 아직 좁다. 그래도 꽤나 많은 것을 보고 많은 것을 경험했다고 생각했지만 아주 큰 오만이었다. 이런 나의 오만을 깨달을 때마다 다시금 넓은 세상에 대한 굶주림에 시달린다. 왜냐하면 나는 그저 지구에 잠시 들러 호흡을 나누는 작은 존재일 뿐이니까. 그런 나에게 오늘의 바다는 어떤 아름다운 세상을 보여줄지 그런 기대감으로 하루를 시작한다.

그래서 나는 오늘도 바다에 들어간다. 강사님의 가르침을 마음속으로 되새긴 뒤 어설픈 몸짓으로 몇 번의 물장구를 쳤다. 그제야 바다가 나지막이 속삭이던 이야기를 들었다. "몸에 힘을 빼고 내려놓으면 편해질 거야." 바다는 늘 나에게 말하고 있었다.

바닷속이 편한 이유는 평화로움 주는 자유에 있다. 외부의 소음이 철저히 차단된 물속은 온전히 자신에게 집중하게 한다. 물속의 호흡법은 육지의 호흡법과 확실히 다르다. 그에 맞는 호흡법을 새로이 배워간다. 뜨지도 가라앉지도 않게, 또는 더 깊이 내려갈 수 있게. 다시 한 번 마음을 내려놓고 힘을 빼는 연습을 해본다. 출수 후엔 피부에 닿는 차가운 공기를 크게 들이마신다. 약간은 답답한 가슴과 거칠어진 호흡. 그리곤 다시 현실 세계와 마주한다. 한 번 더 크게 호흡한다. 새로운 세계를 만날 용기를 배운다.

바다를 유영하는 모든 순간이 정말 꿈은 아닐까 했다. 이럴 땐 타인의 궤적을 차근차근 따라가 본다. 이미 이 자유를 만끽하고 있는 이들의 표정에 집중한다. 생기 넘치는 그들의 눈속에서 공감과 위로를 받고, 나의 표정을 알아차린다. 이렇게 일상 속에 잔잔히 퍼지는 따뜻하고도 소소한 행복을 발견한다.

이곳에서는 저마다 가슴 뛰는 순간을 만나 바다와 함께 살아가는 이들로 가득했다. 그들의 마음이 나에게까지 전염이라도 된 걸까. 이상하게 계속해서 두근거리는 날들의 연속이었다. 겁 없이 바다로 뛰어든 이유도 그 때문일지도 모른다. 우리 때때로 감정에 취해 삶의 중요한 결정들을 하곤 하니까.

어쩌면 이곳은 현실이 아닐지도 모른다. 이곳에서 있는 모두가 비현실적이었다. 사랑이 넘치고, 열정이 넘치고, 여유와 웃음이 넘쳐났다. 저마다 다른 방식으로 자신의 열정을 쏟아 가르침을 나누고, 자신이 바다에게서 배운 지혜를 전한다. 그 속에 섞여 있으니 나도 왜인지 여유롭고 멋진 사람이 된 듯한 착각을 불러일으켰다. 아마도 내가 꿈꾸던 세상일지도 모른다.

자유, 감히 꿈꿀 수도 없었던 또 다른 세계.
하지만 늘 꿈꿔왔던 세계.
어쩌면 내가 꿈꾼 세계는 각자가 만난 세계를 함께 나누며 그 속에서 또 다른 자유를 경험하는 것이 아니었을까.

새까맣게 탄 피부, 얼굴에 난 선명한 마스크 자국, 젖은 머리카락, 가끔은 저린 손끝, 파래진 입술, 못나고 어색한 모습마저 온전히 받아들여지는 이곳. 하루하루 지낼수록 나를 둘러싼 삶의 무게를 한 겹씩 벗어낸다. 이곳은 있는 그대로가 가장 빛나는 곳이었다. 그 속에서 느껴지는 해방감이 우리를 더 가깝게 했다. 거울을 봤다. 어제보다 더 까매진 얼굴에 웃음이 나왔다. 사진 속 물기 가득 밋밋한 얼굴에 한 번 더 웃었다. 그냥 '나'였다. 여행 오기 전 면세점에서 구매한 화장품은 아마도 몇 달 뒤에나 사용할 수 있을 것 같다.

자신의 품을 내어준 또 다른 세계에게 마음을 담아 마지막으로 "슈크란" 하고 인사를 건네어본다.

"사람들은 저마다 자기 방식으로 배우는 거야. 저사람의 방식과 나의 방식이 같을 수는 없어. 하지만 우리는 제각기 자아의 신화를 찾아가는 길이고, 그게 바로 내가 그들을 존경하는 이유지."

_《연금술사》 중에서

어쩌면 내가 꿈꾼 세계는 각자가 만난 세계를 함께 나누며
그 속에서 또 다른 자유를 경험하는 것이 아니었을까.

행복을 찾는 방법, 첫 번째

페루: 쿠스코

'크리스토 블랑코CRIS TO BLANCO'는 하얀색 예수상과 함께 페루 쿠스코의 전경을 한눈에 내려다볼 수 있는 곳이다. 크리스토 블랑코를 올라가는 길에는 50가구밖에 살지 않은 아주 작은 마을 하나가 있다.

호기롭게 셔츠를 허리에 질끈 둘러매고 정상을 향해 발걸음을 옮겼다. 30분 정도 올라갔을 때쯤, 아주 작은 구멍가게 하나가 보였다. 분명 정상까지 금방이라고 했던 것 같은데 오르막길이 끝날 기미가 보이지 않자 가게 주인 아주머니에게 얼마나 더 걸어 올라가야 하나 물었다.

"아가씨, 걸어서 가려면 한 시간은 더 가야 해. 어떻게 걸어 올라갈 생각을 했어."

있던 힘마저 빠지는 느낌이었다. 결국 중간에 택시를 잡아탔다. 택시 운전사가 꽤 앳되어 보인다. 나보다 4~5살은 어려 보이는 소년의 티를 채 벗지 못한 청년이었다. 우리는 정상까지 올라가는 짧은 시간에 많은 이야기를 나눴다. 그는 이 작은 마을에서 태어나고 자랐다고 했다. 올라가는 내내 그는 쉬지 않고 밖에 있는 사람들에게 손을 흔들며 인사했다. 한 남자를 가리키더니 자신의 삼촌이라했다. 저기 나무 밑에 누워 있는 사람은 친구의 형이고, 저쪽에서 오순도순 노래를 부르며 노는 사람은 자신의 이모와 친구들이라고 했다. 그리고는 우리는 모두 가족이라는 말을 덧붙였다.

이 동네에선 학교에 가기 위해서 2~3시간씩 걸어 내려가야 한다고 말했다. 자신도 학창 시절 쿠스코 시내에 있는 학교에 가기 위해 매일 걸어 다녔다고 했다. 나는 그에게 힘들지 않냐고 물었다. 그는 한 치의 망설임도 없이 힘들기는커녕 모든 것은 행복이라 했다. 학교에 다닐 수 있는 것만으로도 감사하다고 했다. 그에게는 굽이굽이 이어진 길을 오르내리면서 산을 구경하는 일과 저 밑에 사는 사람들을 만나는 것이 세상에서 제일 재미있는 일이었다. 정상에 도착해 한참을 그의 이야기에 귀 기울였다. 어느새 나는 그의 순수함에 동화되고 있었다.

그의 모든 말끝에는 어린아이 같은 미소와 함께 쿠스코가 너무 아름답지 않냐는 자랑이 따라왔다. 나도 같은 말로 대답했다.

"맞아 너무 아름다워. 매력적이고. 그래서 떠나고 싶지 않아."

그는 그게 당연한 거라고 했다.

"孟子曰, 大人者 不失其赤子之心者也<sup>맹자왈. 대인자 불실기적
자지심자야</sup>."

맹자가 말하길 대인이란 어린아이의 마음을 잃지 않은 사람이라 했다. 이것은 어린아이의 미숙함과 유치함을 말하는 것이 아니라 순수함을 이야기 하는 것이다. 어린아이들에게 처음 나무를 보여줬을 때 아이들은 "우와" 하고 감탄사를 먼저 내뱉는다고 한다. 어떠한 불순물도 들어가 있지 않은, 보이는 그대로를 받아들이고 그것을 볼

수 있음에 고마워하는 것이 전부이다. 그래서 아이들의 세상은 소박하지만 때 묻지 않았기에 빛이 난다. 어쩌면 감사는, 순수한 마음에서 생겨나는 것이 아닐까. 마치 소년의 세상이 그러했던 것처럼.

덜컹덜컹. 어느새 바닥의 돌부리가 엉덩이로 온전히 전해지는 이 불안한 택시조차도 내 삶의 일부로 느껴지기 시작했다. 차가운 에어컨 바람보다 창문으로 느껴지는 풀내음 섞인 뜨듯미지근한 바람이 좋았다.

룸미러 너머로 보이는 그의 입에서 경쾌한 흥얼거림이 흘러나왔다. 주어진 삶에 감사, 작지만 큰 행복. 나였다면 감히 상상하지 못했을 것들이었다. 이들이 티 없이 밝게 웃을 수 있는 이유는 다름 아닌 '감사'였다.

"의미가 있고 가치가 있는 일을 하고 있다고 생각하는 사람은 힘

들어도 즐겁게 그 일을 할 수 있습니다."

_ 심리 상담가 몬드리안

때 묻지 않은 마음이 바로 그것이었다.

어색한 듯 그의 콧노래를 따라 불렀다.

그가 다시 한 번 나를 보고 환하게 웃었다.

나도 따라 웃었다.

"You're so Beautiful!"

하늘이 유난히 푸르다.

오늘 만난 어린아이의 미소처럼.

행복을 찾는 방법, 두 번째

볼리비아: 코파카바나

여행 중에 이렇게 많은 비가 내린 날이 있었던가. 아직은 채 마르지 않은 물웅덩이 가득한 땅을 요리조리 피해 걷는 재미가 있었다. 흙탕물도 개의치 않았다. 하늘에 별은 가득했고 시원한 바람이 불었으니 그것으로 괜찮았다. 오늘은 진영 언니네 2층 다락방에서 잠을 자기로 했다. 겨우 얼굴을 씻고 양말만 벗어놓은 채로 고양이 잠을 청했다.

한 시간 전, 굳게 닫힌 숙소 문을 보자마자 나도 모르게 작게 욕지거리를 내뱉었다. 발이 푹푹 빠지는 진흙탕 위에서 하늘을 향해 요리조리 핸드폰을 흔들었다. 잡힐 듯 잡히지 않는 와이파이를 겨우 잡아 진영 언니에게 전화했다.

하늘에 별은 가득했고 시원한 바람이 불었으니
그것으로 괜찮았다.

"언니…."

"무슨 일이야?"

"숙소 문이 닫혀 있어. 어떻게…? 사장님도 전화를 안 받아…."

"여기로 다시 와. 방에 침대 하나 남아."

가로등 불빛을 나침반 삼아 언덕을 올랐다. 익숙하지 않은 어둠과 불쾌한 떨림으로부터 잔뜩 날을 세웠다. 나는 유난히 어둠에 약했다. 그래서 이런 긴장감은 치가 떨리도록 싫었다. 날이 선 감정으로부터 짜증이 올라왔다. 이 어둠도, 문이 닫혀 있던 호스텔도, 질퍽거리는 땅도. 전부 싫었다.

무서움에 주위를 살필 틈도 없이 언덕을 올랐다.

"헉, 헉, 숨차. 왜 이렇게 높은 거야…."

턱 끝까지 차오르는 호흡을 고르고 뒤를 돌아봤다. 밤하늘의 온기가 따뜻하게 느껴진 건 아주 찰나의 순간이었다. 사람들로 가득 차 정신없던 코파카바나의 거리도 밤이 되니 사색의 고요를 품은 도시의 향기로 가득했다. 잔뜩 웅크린 마음을 살며시 건드려오는 바람이 낯설었다. 속도를 늦춰 언덕 아래 불빛을 바라보며 뒷걸음으로 걸었다. 어둠도 익숙해지니 뭐든 괜찮은 날이었다. 이 한 몸 누일 공간이 있으니 칠흑 같은 암흑이 있든 어떠하리.

오늘은 운명의 여신 티케Tyche: 그리스 신화에 나오는 행운 또는 운명의 여신가 선물한 날이 틀림없었다. 처음 만난 사람들과 어설픈 요리를 하며 파티를 했던 일도, 맥주 한 잔에 시간 가는 줄 모르고 나눴던 대화들도, 굵어진 빗줄기에 발이 묶인 것도, 신데렐라처럼 헐레벌떡 숙소를 향해 뛰어갔던 것도. 이 모든 상황은 오늘의 어둠을 만나게 하려는 필연적인 순간들이었을지도 모른다. 좀처럼 모습을 드러내지 않던 티케는 자신이 가진 묘한 신비함으로 나에게 다가왔다. 어둠으로, 빗물로, 바람으로 그리고 별들의 반짝임으로 왔다. 행복은 우연이라는 이름으로 다가오지만 우리는 그것을 쉽게 알아차리지 못한다. 결국은 내가 찾아내야만 하는 것이었다.

나의 선택에 따라 우연은 운명이 되고, 운명은 환희가 되기도 한다.

까만 밤, 어둠의 품 안에서 알 수 없는 평안을 느꼈다. 마음을 짓누르던 어둠도 결국엔 인생이라는 항해에서 경험하게 될 하나의 파도에 지나지 않았다.

보이지 않는 길에 대한 불안은 인간의 불완전성을 더욱더 극대화시키곤 한다. 그러나 인간은 완전할 수 없다. 존재 자체가 불완전한 만큼 삶 자체도 불완전에서 벗어나긴 힘들다. 결국 모든 화는 그 불완전함을 인정하지 못할 때 탄생한다. 그러고 보면 받아들임이라고 하는 것은 아주 쉬운 걸지도 모른다.

"운명, 피할 수 없으면 즐겨라."라는 식상한 이 문장은 삶을 보다 긍정적으로 살아가게 하는 힘이 있었다. 결국 '어떻게 삶을 바라볼 것인가'라는 질문과도 같다.

"깨끗한 신발이야 더러워지면 어때. 언젠가 비는 다시 내릴 테고, 그 빗물에 씻겨내면 되는 거잖아."
한참 언덕을 오르고 나니 신발이 어느새 꼬질꼬질 해졌다. 여행을 그만큼 열정적으로 했단 의미이기도 하겠지.

오늘도 여신 티케로부터 불완전한 하루라는 운명의 실타래를 선물 받았다. 그것을 한순간의 우연으로 만들지 운명적인 환희로 만들지는 결국 내 손에 달렸다.

물웅덩이 위로 흐드러진 달빛이 찬란하다.
천천히, 아주 천천히 별을 따라 걸었다.

인생의 계획

이제 인생의 저무는 황혼 속에 앉아

난 안다… 인생이 얼마나 지혜롭게

나를 위한 계획서를 만들었나를

그리고 이제 난 안다.

그 또 다른 계획서가 나에게는 최상의 것이었음을.

_ 글래디 로울러

행복을 찾는 방법, 세 번째

페루: 마추픽추

"우린 지금 행복한 걸까?"

"행복한 척하는 거야, 아니면 정말 행복한 거야?"

"행복하고 싶은 거야? 아니면 불행해지고 싶지 않은 거야?"

누군가 "당신은 행복한가요?"라고 물었을 때 자신 있게 행복하다고 답할 수 있는 사람이 얼마나 될까. 스스로 지금 행복하냐고 물었다. "아니, 난 행복하지 않아." 그 대답이 마음속에 가득 찬 순간 슬픔이 밀려왔다. 도대체 우리가 정의 내리는 '행복'은 무엇일까.

마추픽추에서 집으로 돌아가는 길, 기차 안에서 맞은편에 앉은 외국인 노부부에게 대뜸 지금 당신들에게 행복은 무엇이냐 물었던

"우린 지금 행복한 걸까?"

기억이 있다. 내 질문에 한참을 고민하던 할머니는 자식들과 함께 사는 게 행복이라 했다. 그리고는 지금은 너무 멀리 떨어져 있어서 자주 보지 못해 슬프다는 말을 덧붙였다. 곧이어 옆에 있던 그녀의 남편이 말했다.

"나에겐 지금, 이 순간 사랑하는 사람과 함께하는 게 행복이야. 그래서 지금 가장 행복하다고 말할 수 있지."

그 말을 끝으로 그들은 서로를 향해 웃어 보였다. 고민한 시간에 비해 너무나도 간결한 대답이었다.

그들이 나에게 되물었다.

"Are you happy now?"

바로 대답하지 못했다. 왜 답하지 못했을까. 누구보다 간절하게 오고 싶었던 여행이었고 그래서 그렇게 열심히 돈을 벌었으며 매 순간 감탄을 자아내는 풍경들을 보면서 좋은 사람들을 만나고 있는데 왜 나는 행복하다 말하지 못했을까.

내가 찾아 헤맨 행복에는 실체가 없었다. 책에서 이런 구절을 읽었던 게 생각이 났다.

"진정한 행복은 돈과 권력에 있지 않고 인간 내면의 진정한 자아를 회복할 때 이루어진다."

_ 스피노자

그는 모든 행복은 내면 안에 있다고 말했다. 외부에서 채울 수 있는 것도, 무언가를 소유함으로 얻을 수 있는 것도 아닌 존재 자체만으로도 행복이라고 했다. 분명 나는 행복을 찾아서 내 의지로 이곳에 왔다. 이미 그 순간 행복 속에 존재하고 있는 것이었다. 간단하고도 쉬운 이 사실을 잊은 채 실체 없는 행복을 손에 넣기 위해 애썼다.

우리가 찾는 행복은 거창한 것이 아니다. 행복의 정의가 거창할수록 삶은 괴로워질 수밖에 없다. 노부부에게 아주 사소한 일상들이 행복이었던 것처럼 아주 작은 것에서부터 행복을 느끼면 되는 거였다. 어쩌면 우린 '떠나면 행복하지 않을까?'라는 부푼 기대와 희망을 행복이라 착각했던 걸지도 모른다. 우린 소유할 수 없는 행복을, 신기루 같은 행복을 좇아다니는 중은 아니었을까. '무언가' 때문에 행복할 수 있는 것이 아니었다.

달리다 지쳐 쓰러질 때쯤 깨닫는 행복은 의미가 없었다.
지금 이 순간 내딛는 발걸음의 모든 순간을 마음껏 만끽하는 것.
그것이 행복이어야 했다.

마추픽추를 끝으로 페루를 떠난다. 날씨가 안 좋을까 걱정을 가득 안고 올랐던 길. 내 걱정을 나무라기도 하듯 뜨거운 태양이 내리쬐었다. 이렇게나 아름다운 작별 인사라니. 괜스레 지난 며칠간의 시간이 주마등처럼 지나갔다. 사실 나에게 페루라는 나라는 마추픽추 말고는 아는 것도, 가고 싶은 곳도, 하고 싶은 것도 없는 나라였다. 하지만 이곳은 내가 기대했던 것보다 더 많은 것들을 선물했다. 아마도 좋은 사람들과 좋은 풍경이 있었기 때문이 아닐까. 처음이라는 이유로 지독히도 외롭고 쓸쓸했지만 그러면서도 누군가의 온기에 다시금 힘을 내었다.

행복. 행복. 그래, 이것이면 충분했다.

아직 떠남을 아쉬워하기엔 너무 이르다는 생각이 든다. 흔들리는 창문의 풍경들 너머로 나의 걸음이 조금씩 느려짐을 느꼈다. 이 기차가 도착할 때쯤이면 나의 달리기도 멈추지 않을까.

문이 열렸다. 누군가 물었다.
"당신은 지금 행복한가요?"

chapter 3

이토록 그리운

나의 이야기

공연에 미쳐 살던 때가 있었다. 무대가 나의 꿈이었던 시절이 있었다. 밤낮없이 쉬는 날까지 마다하며 연습하고 일하던 때가 있었다. 무대 위에서 배우로 살 때면 그 어느 때보다 벅차고 행복했다. 악기와 온갖 공연 물품들이 가득한 연습실에서 더울 땐 땀을 뻘뻘 흘리고 겨울엔 오들오들 추위에 떨며 오로지 좋아하는 마음 하나, 그런 열정으로 가득한 사람들 속에 함께 부대끼며 살았다. 아무리 고되고 힘들어도 함께 웃고 떠드는 순간이면 그런 힘듦쯤이야 아무것도 아니었다. 그렇게 넘치는 마음 하나로 뭐든 괜찮던 순간들이 불편하게 느껴지기 시작한 건 아마도 어른이 되어가면서부터였던 것 같다. 경쟁과 시기로 중무장한 사람들 틈에서 살아남기란 쉽지 않다. 악착같이 내 것은 내가 챙겨야 한다는 생각이 불쑥 찾아들기 시작했다.

포용보단 비판이, 진심보단 가식이, 순수함보단 영악함이.
그렇게 우린 슬픔으로 뒤덮인 이기적임에 물들어갔다.

그리고 나는 지쳐 그곳을 떠났다. 자신이 없었던 걸지도 모른
다. 에너지와 열정으로 가득 했던 곳을 내 발로 떠났을 때 후련하
면서도 고통스러웠다. 이제 다시는 두근거림 하나로는 살지 못할
것 같은 불안함이 밀려왔다.

여행 중에 익숙한 리듬이 들릴 때면 자연스레 음악 소리가 들리
는 곳으로 향했다. 똑바로 바라볼 수 없었다. 보기만 해도 눈물이
쏟아질 것만 같았다. 반가움, 부러움, 미련, 홀가분함, 복잡 미묘한
감정들 사이에서 끊임없이 갈등하는 마음의 무게를 견뎌내기란 생
각보다 어려운 일이다. 언제였던가 거리에서 공연하는 그들에게서
나의 모습이 겹쳐 보였던 적이 있다. 열정 넘치는 몸짓, 심장을 울
리는 리듬. 함께 즐기는 관객. 모두가 혼연일체 되는 찰나의 순간.
　관객이 되어 그들을 바라보며 과거의 나는 무엇 때문에 그토록
행복했었는지 스스로에게 물었다. 질문의 답은 알고 있지만 쉽게
대답할 수 없었다.

여전히 우린 이상과 현실의 사이에서 갈팡질팡한다.

두근거리는 가슴을 따라갈 것인가.

아니면 외면할 것인가.

이미 잃은 설렘을 찾는 일은 절대 쉽지 않다.

하지만 괜찮다.

이제야 조금씩 그때의 나를 위로하며

지금의 나에게 보여주고 있으니.

여행이 나에게 주는 힘은 그렇다.

외면하고 싶었던 나를 온전히 바라보게 해주는 힘.

그런 용기.

과거의 나와 지금의 내가 만나는 순간을 경험하고 있는 것만으로도 이미 충분히 두근거리는 순간을 찾아 사는 것임을 안다.

각자 다른 방법으로,

지금 우리에게 맞는 저마다의 삶의 방식으로.

귓속을 파고드는 리듬 사이로 설렘을 실어 보낸다.

아-숨 채이오.

자연스럽게

페루: 쿠스코 *

남미 여행은 이동 시간이 반이라고 했던 말을 몸소 체험 하는 중이다. 이카Ica에서 쿠스코Cusco까지 버스로 18시간. 아무리 잠을 자도 자도 끝나지 않는 이동에 지칠 대로 지쳐 있었다. 오전에 출발해서 한 번의 밤을 맞이했고 또다시 해가 떴다. 버스에서 꼬박 하루가 넘는 시간을 보낸 셈이다.

재촉하듯 나를 깨우는 강렬한 햇살에 커튼을 쳐내고 서리 낀 창문을 쓱 닦았다. 어느새 창문 밖으로는 구름 덮인 산들이 가득했다. 감탄도 아주 잠시.

---

* 쿠스코 : 안데스산맥 해발 3,399m에 있는 도시

높은 도로를 올라갈수록 점점 아득해지는 정신과 조금씩 어지러워
지는 머리, 답답해지는 가슴. '아- 이게 말로만 듣던 고산병인가?'
서둘러 알약을 하나 집어삼키며 정신을 다잡았다. 지난 14시간의
이동보다 마지막 4시간이 더 길게 느껴지는 순간이었다.

　약 기운에 겨우 정신을 차리고 나서야 눈앞에 풍경이 눈에 들어
오기 시작했다. 말이 안 되는 풍경이었다. 어떻게 이런 높은 곳에
찻길을 내었는지, 어떻게 마을이 만들어졌는지, 내가 지금 하늘과

나는 여행을 사랑하지 않는다

같은 높이에 와 있는 게 맞는지 믿을 수 없었다. 빨리 버스에서 내려 온전히 풍경을 담고 싶었다.

내가 그리던 페루의 풍경이었다. 높은 산 위에 빼곡히 들어선 집들. 드넓은 초원, 푸른 하늘, 알록달록한 전통의상을 입고 거리를 거니는 사람들, 그곳에 섞여 있는 각국의 여행자들. 지극히 자연스러운 풍경이었다. 갑자기 무채색 가득한 내 옷에 이질감이 느껴졌다. 나의 행세가 이곳과 몹시 어울리지 않다고 느껴졌다고나 할까.

여전히 꾸밈 많고, 시선을 의식하며 저들 사이에 동화되기를 주저하고 있었다. 이곳에서까지 자연스럽지 못했다. 여행을 떠나왔음에도 버리지 못한 무언가가 나를 사로잡고 있었다. 무엇이 나를 이토록 내려놓지 못하게 만들었던 걸까.

무서운 건지, 두려운 건지, 부끄러운 건지, 자신이 없는 건지. 복잡 미묘한 생각들이 머리를 가득 채웠다. 얼굴에 치덕치덕 발라 댄 화장품을 손으로 쓱쓱 몇 번 문질렀다. 잔뜩 헝클어진 머리를 질끈 높게 묶었다.

"내일은 더 부딪혀야지. 깨여야지. 그리고 자연스러워져야지."

서툰 연주

볼리비아: 코파카바나

볼리비아의 코파카바나Copacabana는 라틴아메리카에서 가장 큰 호수인 티티카카 호수와 접해 있는 항구 도시이다. 티티카카호수를 조금 더 제대로 즐기기 위해서는 코파카바나에서 한 시간 반 배를 타고 태양의 섬Isla del Sol으로 가야 한다. 호수 근처 서른여섯 개의 섬 중 하나인 그곳은 잉카의 황제가 태어난 섬이라 하여 '태양의 섬'이라고 불린다.

오늘은 티티카카 호수를 보기 위해서 여행 중 만난 일행들과 전망대에 오르기로 했다. 혼자의 여행이 익숙해질 때쯤 그들을 알게 되었다. 우리는 꽤 대화가 잘 통했고, 여행의 많은 여정을 함께했다. 여행을 하다 보면 혼자 떠나온 여행자들을 많이 만나곤 한다.

그들과의 만남은 외로운 여행길에 든든한 도반道伴이 된다.

　전망대를 향해 20분 정도 걸어 올라갔다. 생각보다 가파른 언덕에 숨을 몰아쉬었다. 높은 곳에 올라 발밑을 내려다보는 일은 매번 경이롭고 지금껏 경험해보지 못한 감정들을 선사한다. 때로는 시원섭섭하고, 때로는 보람차고, 때로는 슬프고, 때로는 감동하고, 때로는 숙연해지기도 한다. 무언가를 향해 끊임없이 달려가는 우리의 인생과 참 닮아 있다고 생각했다.

높은 곳에 올라 발밑을 내려다보는 일은
매번 경이롭고 지금껏 경험해보지 못한 감정들을 선사한다.

나는 여행을 사랑하지 않는다

심호흡을 크게 내쉬고 주위를 둘러보니 앞에는 바다처럼 끝없이 펼쳐진 호수와 뒤로는 붉은 저녁노을이 지고 있었다. 그곳에 있던 모두는 마치 텔레파시라도 통한 듯 입을 모아 외쳤다.

"이런 곳에 맥주가 빠질 수 없지!"

평소에 마시던 것보다 몇 배는 더 시원하고 달콤하게 느껴지는 맥주 맛. 누구와 함께 하느냐에 따라 음식의 맛이 달라지듯 그날의 맥주 맛은 평생 잊지 못할 맛이었다. 그 순간만큼은 청춘의 전부인 낭만에 살고 낭만에 죽어도 전혀 이상할 것 없는 모든 것이 완벽한 날이었다.

옆에서는 외국인 친구들의 버스킹 공연이 한창이었다. 경쾌한 젬베 소리와 맑은 피리 소리, 그리고 거기에 딱 어울리는 흥이 가득한 노래까지. 더할 나위 없이 환상적인 조합이었다.

나는 그들에게 함께 연주해도 되겠냐고 물었다. 흔쾌히 "Of course!"를 외치며 그들은 내게 젬베를 건네주었다. 그 중 하나가 나에게 먼저 시작하라며 손짓했고 곧바로 내가 치는 리듬 위에 노랫소리와 피리 연주를 얹기 시작했다. 앞뒤 하나 맞지 않는 서툰 멜로디는 우리를 하나로 만드는 힘이 있었다. 제각기 다른 리듬이었던 멜로디는 오선지에 음표가 그려지듯 하나의 노래로 스며들었다. 누군가는 손뼉을 쳤고 누군가는 함께 춤을 췄다. 아주 자유롭게. 처음이었지만 처음이 아닌 것처럼. 마치 어제도 오늘도 함께 춤을 추고 연주했던 것처럼 음악을 즐겼다.

이것은 우리가 그 시간 속에 함께했다는 증거였다.

그리고는 어린아이처럼 웃었다. 이상하게 마음이 간질거렸다. 누군가와 '친구'가 된다는 것. 누군가와 '함께'한다는 것. 여행을 오기 전까지만 해도 어렵게만 느껴지던 행위들에 익숙해졌다. 어느새 나는 이전과는 조금 달라진, 훨씬 자유롭게 누군가와 어울릴 줄 아는 사람이 되어가고 있었다.

《순자》의 〈음악론〉에 보면 "노래와 음악은 사람에게 미치는 영향이 매우 크고 사람들을 매우 빠르게 변화시킨다."라는 말이 있다. 아주 오래전부터 음악은 삶에서 절대 빼놓을 수 없는 것이었다. 슬플 때나 기쁠 때나 우린 아주 많은 부분 음악과 함께한다. 위로받고 공감하고, 행복해한다. 음악의 힘이 위대한 것은 사람과 사람 사이에 단어로 표현되지 못하는 감정들을 공유하게 하고 공감하게 만든다는 것에 있다. 어쩌면 음악이라고 하는 건 인간의 가장 원초적인 부분을 자극하는 게 아닐까 싶다. 그래서 서로를 강력히도 끌어당긴다.

우리 사이에 만난 기간은 중요하지 않았다. 가파른 언덕을 오르며 아름다운 풍경을 하고 시원한 맥주 한 잔을 기울이며 언어가 통하지 않아도 음악으로 기쁨을 공유할 수 있는. 그저 행복한 순간에 함께할 수 있다면 그것만으로도 우리는 이미 도반道伴이었다.

"Salud!"

맥주병을 부딪쳤다.

다시금 경쾌한 젬베 소리가 들렸다.

> "음악이란 즐기는 것이다. 사람의 감정으로서는 없을 수가 없는 것이다. 그러므로 사람에게서는 음악이 없을 수가 없다. 즐거우면 곧 그것이 목소리에 나타나고 행동으로 표현된다."
>
> _《순자》

그리운 그곳

칠레: 산티아고

남미 여행에서 가장 기억에 남는 나라를 선택하라고 한다면, 아마도 나는 '칠레'를 선택할 것이다. 여행 중 가장 오래 머물렀던 곳이기도 하고, 그만큼 행복했던 기억들이 많이 만들어진 곳이기 때문이다.

칠레의 첫 도시 아타카마를 떠나 산티아고로 가는 날. 처음으로 비행기를 타고 도시 이동을 하는 날이었다. 예약해둔 비행기를 타기 위해선 아타카마에서 조금 떨어진 칼라마 공항으로 가야 했다. 버스를 타고 가는 길, 갑자기 버스가 한복판에 멈춰 섰다. 고장이었다. 기사 아저씨는 십 분 후면 다른 버스가 도착할 거라며 걱정하지 말라고 했다. 하지만 나의 시간 개념과 이들의 시간 개념이

다르다는 걸 잊고 있었다. 남아있는 승객들과 도란도란 이야기를
나누면서 버스가 오길 기다리다 보니 어느덧 한 시간이 지나 있었
다. 그제야 마음이 조급해지기 시작했다. 십 분 후면 온다던 버스
는 올 기미가 없었고 한두 명씩 버스 밖으로 나가 도로를 서성이기
시작했다. 그때 저 멀리 미니버스 한 대가 도착했다. 안도의 한숨
과 함께 서둘러 버스를 옮겨 탔다. 무거운 배낭들과 승객들이 옹기
종기 한 대 섞여 작은 버스 안에 몸을 구겨 넣었다.

칼라마에서 산티아고까지는 비행기로 2시간 남짓. 탑승 시간 전까지 카페에서 간단히 끼니를 해결하기로 했다. 점심부터 식사를 제대로 하지 못해 든든하게 먹고 싶었지만 메뉴판에 적힌 높은 가격에 작은 케이크로 만족할 수밖에 없었다. 안 그래도 볼리비아를 지나 칠레로 넘어온 순간 급격하게 오른 물가 때문에 정신을 차리지 못하고 있었다. 칠레의 물가에 적응하는 데는 시간이 조금 걸릴 듯했다. 생각 없이 막 썼다가는 막판에 아무것도 못 하게 되는 상황이 올 수도 있을 것 같았다. 괜찮다고 애써 위로했다. 배낭여행자에게 이런 일은 빈번하니까. 배고픔도 배낭여행자가 부릴 수 있는 일종의 사치라면 사치였다.

저녁 8시, 드디어 비행기의 이륙을 알리는 안내 방송이 흘러나왔다. 비행기나 버스에서 잠을 잘 못 이루는 성격 탓에 이리저리 뒤척이다 보니 어느덧 산티아고에 도착했다. 산티아고는 확실히 달랐다. 칠레의 수도답게 높고 큰 건물들과 도시의 분주함을 알리는 가로등 불빛들이 가득했다.

어둠이 가득히 내려앉은 곳에는 도시 특유의 내음이 풍겼다.

지금까지의 남미 여행에서 처음 느껴보는 '대도시'의 느낌이었다.

서둘러 짐을 찾아 산티아고 시내로 가는 미니밴을 타고 고려 민박으로 이동했다. 여행 중 두 번째로 묵는 한인 민박이었다. 고려

민박은 사람 냄새가 느껴지던 정겨운 곳이었다. 한인 민박에는 언제나 고국을 떠나 고된 여행의 외로움과 지침을 달래러 온 사람들로 붐빈다. 여기저기 익숙하게 들려오는 모국어를 듣고 있으니 여기가 한국인가 하고 착각할 정도였다.

　여행 중에 한인 민박을 찾는 이유는 대개 두 가지로 나뉜다. 첫번째는 조금 더 편하게 머물면서 쉽게 여행의 정보를 얻기 위한 것과 두 번째는 따뜻한 밥 한 끼가 그리워서이다. 사실 첫 번째와 두번째 이유 모두 근본적인 욕구는 같다. '편안함과 안정감' 그것이다. 언어가 다른 나라에서 이방인의 신분으로 여행을 한다는 것은 늘 긴장감을 안고 지내는 일이라 때로는 말이 통하는 사람들 속에 섞여 있다는 것만으로도 엄청난 안정감을 느끼기 때문이다. 그리고 거기에 익숙한 음식까지 있다면 말 그대로 무장 해제되는 것이다. 그래서 그런 걸까, 한인 민박에서 만난 사람들은 대체로 빨리 가까워지고 빨리 친해진다. 다들 자신의 여행담과 인생담을 풀어놓기에 바쁘다. 타지에서 만난 한국인이라는 동질감이 서로를 더 강력하게 끌어당기는 장치로 작용하는 셈이다.

내가 한인 민박에 온 이유는 전자에 속했다. 남미 여행을 시작한 지도 어느덧 한 달이 되어갔고, 약간의 여유와 편안함이 그리웠다. 혼자서 여행 정보를 찾고 모든 것을 해결해야 하는 생활에 조금은 지쳐가고 있을 무렵이었다. 물론 그렇다고 해서 지금까지의 여행이 불편하고 여유롭지 못했다는 건 아니지만, 아까 말했던 것처럼 나도 모르는 사이에 여행 내내 가득 앉고 있던 이방인으로서의 긴장감을 떨쳐낼 만한 편안함이 그리웠던 모양이다. 무엇보다 물어보면 언제든 친절하게 한국어로 설명해주는 직원들까지 있으니, 밤새 정보를 찾고 무엇을 해야 하나 고민하며 시간을 보내지 않아도 되었다. 마음 편한 여행자로서의 기분을 만끽할 수 있는 최적의 조건이었다.

시계를 보니 자정이 다 되어가고 있었다. 모두가 잠든 늦은 시각, 살금살금 방으로 들어갔다. '삐그덕' 낯선 철제 침대 소리가 고요한 정적을 깨웠다. 나도 모르게 긴장되어 있던 마음이 사르르 녹아내리듯 배낭을 내려놓고 침대 위로 쓰러졌다.

새로운 곳에서의 만남,

이곳에서는 또 어떤 일들이 생길지 설렘을 가득 안은 채 잠들기로 했다.

돌이켜보면 산티아고에서는 특별히 한 게 없다. 물론 유명하다던 전망대와 미술관, 밤이 깊은 줄 몰랐던 펍, 맛있는 음식이 가득했던 레스토랑 등 이곳저곳 많이 다녀왔지만 이상하게 여행이라고느껴지지 않았다. 그럼에도 불구하고 가장 기억에 남는 나라가 되었다.

처음 산티아고에 도착한 날. '여기선 이런 것들을 해야지' 하고전혀 계획하지 않았다. 그때그때 가고 싶은 곳, 발길이 닿는 곳으로 향했다. 편안함으로 무장한. 그래서 여행이라기보다는 일상이라고 느껴졌던 부분이 많았다. 온전히 살아보는 여행. 그곳의 일상에 녹아드는 여행.

클래식이 울려 퍼지는 거리와 탱고 춤이 있는 광장, 각양각색의예술품들이 늘어선 벼룩시장, 누군가의 시간과 정성이 담겨 있는 작품들이 가득했던 미술관, 커다란 나무 아래 그늘을 지붕 삼아 여유를 즐기던 사람들, 시끌벅적함마저 음악처럼 들렸던 새벽의 바Bar, 야외에서 마시던 시원한 맥주, 그리고 애정이 넘치던 밤거리. 낯선듯 익숙했던 모든 것들. 마치 오래전부터 이곳 알고 지낸 듯했다.

나에게 산티아고는 '평화' 그 자체였다. 처음으로 떠남이 아쉬웠던 도시였다. 오죽했으면, 특별한 것 없던 이 도시에서 계획에도 없던 일정을 더 늘렸으니 말이다. 마음의 안정이 사람에게 얼마나 지대한 영향을 끼치는지 그것을 이 짧은 시간 속에서 깨달아간다.

칠레를 떠나 일상 속의 여유가 늘어남에 따라 그리움은 짙어져 갔다.

한여름 밤의 꿈. 나에겐 한여름 밤의 꿈같던 시간이었다.

내가 그곳을 쉽게 잊을 수 없는 이유는 아마도 그때의 향기가 너무나도 진하게 남아 있기 때문이 아녔을까.

가장 그리운 그곳. 산티아고.

낯간지러운 편지

지난밤 우유니 새벽 투어를 마치고 숙소로 들어오자마자 추운 몸을 잔뜩 웅크린 채 잠이 들었다. 해가 뜨고 한참이 지나서야 눈을 떴다. 졸린 눈을 비비며 방문을 열고 나가니 문 앞에 작은 엽서 하나와 실 팔찌 하나가 놓여 있었다.

'여행 중에 가끔 소중한 인연을 만났다 싶으면 나도 모르게 손에 펜을 쥐게 되는 순간이 있어.'라고 시작되는 이 편지는 '오누이 같은 세상에 둘도 없는 양아치 오빠가'라는 말로 끝이 났다. 그러고 보니 새벽에 숙소로 들어오기 전 재후(가명) 오빠와 마지막 인사를 나눴던 기억이 났다. 마지막이라고는 느껴지지 않는 담백한 인사였다.

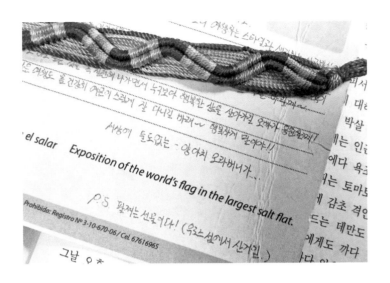

가만히 서서 편지를 읽고 있으니 오글거리는 문장들 사이로 먹먹함이 물밀듯이 밀려왔다. 주변을 살피며 헛기침을 두어 번 했다. 눈가에 맺힌 눈물이 참으로 주책이었다.

"여행은 다른 문화, 다른 사람을 만나고 결국에는 자기 자신을 만나는 것이다"라고 쓰여 있던 그의 편지를 한참을 읽고 또 읽었다. 삐뚤삐뚤한 글씨 위로 한 글자씩 꾹꾹 마음을 담아 썼을 그 마음이 느껴졌다. 헤어짐이 싫어 편지 따위는 쓰지 않겠다고 말했던 나에게 굳이 엽서 한 장을 남겨놓고 갔다. 정말 다시는 보지 않을 것처럼 말이다.

사실 나는 편지 쓰는 것을 좋아한다. 하고 싶은 말이 넘쳐흘러 그것을 다 표현하지 못할 때 펜을 들고 편지를 썼다. 하지만 글이라고 하여 결코 말을 하는 것보다 쉬운 건 아니었다. 쓰고 지우기를 반복하며 어떤 단어와 어떤 문장이 내 마음을 조금이라도 더 진정성 있게 표현할 수 있을까 매번 고민했다. 하지만 이상하게 여행 중에는 쉽게 편지를 쓰지 못했다.

여행을 많이 다니면 다닐수록 그것과 비례하게 다양한 사람들과의 관계를 맺게 된다. 그런 관계들 속에서 깊이감을 찾기란 쉽지 않다. 흡사 패스트푸드 같은 관계들이 더 많았다고나 할까. 그럴 때마다 여행에서의 만남은 여행으로 끝내야 한다는 말을 다시 한 번 마음속으로 새기며 여정을 이어갔다. 그런 와중에 마음이 통하는, 진솔한 대화를 나눌 만한 대상을 만난다는 건 꽤 감사한 일이다.

나보다 8살이나 많던 오빠는 뒤늦게 여행에 매력에 빠져 세계 여행을 하는 중이라고 했다. 우리가 어떻게 알게 되었는지는 기억이 나지 않을 정도로 우연히 만났다. 내가 기억하는 그는 열정이 넘치는 사람이었고 배려가 몸에 배어 있는 사람이었다. 그의 행동에 고스란히 묻어나던 삶은 나뿐만 아니라 그곳에 함께였던 모든 사람에게 전해졌다. 그는 언제나 많은 사람 속에서도 궂은일을 마다하지 않았다. 마치 동생 여럿을 데리고 있는 큰오빠 같은 느낌이었다고 할까.

여행을 하다보면 수없이 많은 사람들을 만나곤 한다. 나는 그들을 통해 삶을 배우고 세상을 배운다. 다양성을 수용하는 방식과 개개인이 가진 특별함을 발견하는 연습을 하는 과정이다. 이것은 여행이 나에게 주는 이로움 중에 하나이다.

사람이 사람을 궁금해 한다는 것은 인간만이 가지고 있는 보편적인 욕구이다. 우리는 타인과의 관계를 통해 자신의 존재를 인식하기도 하고, 배움을 얻기도 하며, 다양한 알아차림의 순간들을 경험하게 된다. 다시 한 번 그가 준 편지 속 '여행은 다른 문화 다른 사람을 만나고 결국에는 자기 자신을 만나는 것이다'라는 문장을 곱씹어 읽었다. 흐드러진 달빛 아래 펜을 들고 엽서를 적어 내려갔을 그는 무슨 마음이었을까? 이 여행이 그에겐 편지의 글귀처럼 자신을 만나게 되는 시간이 되었던 걸까?

좋아하는 시 한 구절이 떠올랐다. "사람이 온다는 건 실은 어마어마한 일이다. 그는 자기 과거와 현재와 그리고 그의 미래와 함께 오기 때문이다. 한 사람의 일생이 오기 때문이다."(정현종, 〈방문객〉)

이 시처럼 사람을 만난다는 것은 눈에 보이는 형상을 넘어서 그보다 더 많은 것들을 마주하게 되는 일이다. 잠깐의 만남으로 한 사람의 삶을 다 알았다고 생각하진 않는다. 중요한 것은 내가 만난 누군가의 생을 소중하게 여기는 마음이었다. 나에게 여행은 여러 생을 한 번에 경험하게 해주는 것과 같았다. 그래서 그런 걸까. 이날 받은 편지는 종이 한 장에 그의 삶을 압축시켜 놓은 것 같은 느

사람을 만난다는 것은 눈에 보이는 형상을 넘어서
그보다 더 많은 것들을 마주하게 되는 일이다.

나는 여행을 사랑하지 않는다

낌이었다. 분명 시간이 지난 후에 편지를 건넨 사람은 자신이 어떤 말을 썼는지 기억조차 못할지도 모른다. 하지만 그 편지 안에는 이미 누군가의 영원 같은 시간에 담겨 있었으므로 그것으로 충분했다. 전해준 이의 마음을 어떻게 간직하느냐는 온전히 받는 사람의 몫이었다.

엽서와 함께 있던 팔찌를 손목에 찼다. 며칠 뒤, 마지막 인사가 무색하게 그를 다시 만났다. 우린 아무렇지 않은 듯 인사했고, 다시 여행했다.

낯간지러운 편지를 고이 마음에 담아 놓은 채.

노란 셔츠의 그 남자

포르투갈: 포르투

포르투에서 일 년 중 가장 성대하게 열린다는 성 주앙 축제Festa de São João.

포르투갈에서 중요하게 생각하는 성인 성 요한이 태어나는 날을 기념하는 날이다. 축제 때 뿅 망치를 들고 사람들을 놀리고 때리며 복을 주고받는 행위 때문에 뿅 망치 축제라고도 불린다.

지난밤, 밤이 깊은 줄 모르고 축제를 즐기다 보니 어떻게 숙소로 돌아왔는지조차 기억이 가물거린다. 달력을 보니 어느덧 6월의 끝자락에 와 있었다. '벌써 여행 2주 차야…? 아니지 이제 겨우 2주밖에 안 됐어?!' 두 가지 마음 왔다 갔다 했다. 사람 마음은 참으로 알다가도 모를 일이다. 어쨌거나 이 정도 지났으면 하루쯤은 세상

"오늘은 각자의 시간을 보내자."
"콜."
공백에서 온기를 느낀다. 향수를 느낀다.
여행. 숨. 호흡을 고른다.

한가로이 쉬어줄 때가 되었다며 한동안 쳐다도 안 보던 유튜브를 틀었다. 한국에 대한 약간의 그리움은 예능으로 달래며….

"오늘은 각자의 시간을 보내자."

"콜."

공백에서 온기를 느낀다. 향수를 느낀다.

여행. 숨. 호흡을 고른다.

하루의 짧은 휴식을 보내고 다시 여행을 시작했다. 오늘의 포르투는 참 맑다. 하루의 시작은 도루강 근처에서 하기로 했다. 이틀 전 사람으로 가득했던 축제가 있었던 곳이 맞나 싶을 정도로 평화롭고 조용했다. 약간의 이질감이 느껴지는 이 여유로움 속으로 들어가 보기로 했다.

강변에 자리를 잡고 앉아 노래를 틀었다. 박효신의 〈Good bye〉.

조금씩 타오르는 태양, 햇살을 시기하듯 불어오는 바람. 묘하지만 어우러진 적당한 온도로부터 느껴지는 안정감. 그리고 "오늘 점심은 뭐 해 먹을래?"라는 지극히 일상적인 대화.

누군가 말을 걸어왔다.

"혹시…. 두 분 사진 안 필요하세요? 제가 찍어드릴게요. 저도 하나만 찍어주시겠어요?"

이제 막 순례길을 마치고 왔다는 그는 우리에게 먼저 말을 걸어왔다. 하늘거리는 노란 셔츠를 입고, 기분 좋은 미소를 띤 채로.

"그럼요! 얼마든지, 최선을 다해 찍어드릴게요."

그의 정중한 부탁에 한 치의 망설임도 없이 핸드폰을 건네받았다. 그러고는 정. 말. 최선을 다해 사진을 찍어줬다.

"다른 포즈요! 여행 중 남는 건 사진뿐이라고요. 이왕 찍는 거 인생 사진 남겨야 하지 않겠어요?"

이렇게 열과 성을 다해 찍어줄 필요가 있을까 싶었지만 사진을 찍어달라는 부탁만큼은 최선을 다해 들어준다. 여행 중 내가 한도 없이 나누어줄 수 있는 유일한 마음이었다. 물론 카메라에 찍히는 것을 좋아하는 만큼이나 뷰파인더 너머의 피사체를 담는 것 또한 좋아한다는 이유도 있었다. 그래서 촬영 부탁을 받을 때면 귀찮기보다는 기분 좋게 느껴지곤 했다. 누군가의 시간을 카메라로 담는다는 건 꽤 매력적이라는 걸 너무나도 잘 알고 있으므로.

서로의 사진을 찍어주고 노란 셔츠의 그에게 먼저 말을 건넸다.

"혼자 여행하고 계신 거예요?"

"네, 저는 방금 막 산티아고 순례길 걷고 쉴 겸 포르투로 넘어왔어요. 내일 마드리드로 넘어가요."

"그러시구나. 마드리드 진짜 좋아요!"

옆에서 우리의 대화를 조용히 듣고 있던 동생이 뜬금없이 말을

했다.

"저흰 남매예요."

"아 정말요?!"

"네, 혹시나 오해하실까 봐. 하하"라는 밑도 끝도 없는 말과 함께.

우리 모두 다 같이 웃었다. 동생에겐 나름의 유머였으리라.

"남매가 같이 여행한다니 신기하네요. 부러워요."

"저는 혼자 여행하시는 게 부럽네요."

"에이, 그래도 나중엔 좋은 추억이 되실 거예요! 사진 정말 감사해요! 잘 나온 것 같아요."

"저희도 사진 감사해요. 앞으로도 안전하고 행복한 여행 하세요."

"네! 좋은 여행 하세요."

그렇게 우리는 멋진 듯 멋지지 않게 아쉬움을 남기며 헤어졌다.

여행 중 만나는 사람들은 대개 기분 좋은 에너지를 가지고 있다. 나도 모르게 그 에너지에 전염되는 듯한 기분이 든다. 내 안에 숨어있는 적극적이고 사교적인 모습을 끌어내 준다고나 할까. 그렇다 보니 언제부터인가 애써 노력해서 밝은 모습을 드러내는 순간들도 더러 있다. 서로의 에너지에 전염되고, 그 에너지가 꽤 멀리 퍼진다는 걸 느낀 순간부터 그러했다. 새로운 만남 속에서 굳이 우울할 필요는 없으니까. 그런 감정은 혼자 강변에 앉아 맥주 한 잔을 마시며 느끼시는 것으로 충분했다.

타인과 개인의 철저한 분리. 여행 중엔 그런 분리가 더 엄격하게 된다. 그래서 그런지 타지에서 만나는 사람들이 기억하는 나의 모습은 어딘가 조금 낯설다. '내가 그랬던 적이 있었나?' 싶을 정도로 놀라울 때가 많다.

한때는 스스로조차 적응되지 않는 모습에 불편해했던 적이 있었다. 그러나 이제는 꽤나 그 경계를 자유롭게 넘나든다. 누구나 다 이중성을 가지고 있듯 어느 하나만 나의 모습이라고 생각하지 않기로 했다. 느끼는 감정의 폭이 넓은 만큼 우리의 내면엔 그만큼의 다양한 모습이 존재한다는 뜻이기도 할 테니 말이다.

노란 셔츠의 그를 떠나보내고 나니, 햇살이 제법 뜨거워졌다.

이 계절에 가장 잘 어울리는 방법으로, 뜨겁게 내리쬐는 태양을 느끼며 바람을 따라 천천히 걸었다. 도루강이 인사를 건넨다. 지나가는 사람들과 정답게 눈인사를 나눈다. 기분 좋은 이 마음을 더 깊이 느끼기 위해.

그날의 이야기, 28번 트램

포르투갈: 리스본

오늘은 저희의 이야기를 해볼까 해요. 아침 일찍 부터 그 유명한 28번 트램을 타겠다고 일찍 나왔더 랬죠. 소문답게 줄이 엄청 길더라고요. 그래도 배차 시간이 짧길래 기다려 보기로 했어요. 여행에서 이 정도의 기다림은 익숙하니까요. 하나둘 앞에 서 있 던 사람들이 줄어들기 시작해요. 그러다 갑자기 표 를 끊어주는 아저씨가 중간에 줄을 딱 끊는 거 있 죠. 그리고는 옆쪽 차선으로 이동하라지 뭐에요. 한 명의 말에 20명이나 되는 인원이 우르르 움직여요.

30분 정도 지난 후에 몇 대를 보내고 나서야 드 디어 기다리던 트램이 왔어요. 하나둘 트램에 올라

타요. 작은 트램 안이 사람들로 가득 차 더 이상 자리가 없을 때, 툭. 툭 창문을 치며 기사 아저씨에게 출발 신호를 보내요.

후- 아쉽지만 이번에도 못 탔어요. 우리 앞에 외국인 부부와 귀여운 모녀, 뒤로는 두세 팀 정도 더 있었던 것 같아요. 우리 모두 다음 트램을 탈 수 있을 거라며 기대하고 있었죠. 그런데 웬걸, 갑자기 옆 차선으로 트램이 오는 거예요. 그러니까 처음에 줄을 섰던 그쪽 말이에요. 그래서 우리는 당연히 우리 차례니까 트램을 향해 갔죠. 근데 표 아저씨가 갑자기 저 멀리 도로 끝을 손가락으로 가리키더니 다시 줄을 서라는 거예요. 이건 무슨 상황인가 싶었죠. 트램을 기다린 지도 벌써 한 시간이 다 되어가는 듯 했어요.

외국인 부부가 화를 내며 따졌어요.

"지금 우리가 탈 차례야! 우리가 이 사람들보다 먼저 왔다고! 당신이 표를 확인한 후에 우리를 저쪽에 나눠서 줄 세웠잖아! 근데 왜 다시 줄을 서라고 하는 거야? 이해할 수 없어." 그런데도 아저씨는 막무가내예요. 들을 생각이 없어요. "너희가 그전에 알아서 탔어야지. 나는 모르는 일이야. 다시 뒤에 가서 줄을 서도록 해." 모두가 당황스러운 표정을 지었어요. 나중엔 말까지 바꾸더라고요. 순식간에 아수라장이 됐어요. 서로 언성이 높아졌고 자칫하면 싸움이 날 것만 같은 분위기였죠. 하지만 어떻게 해요. 지금 여기서 대장은 아저씨인 걸요. 화가 났지만 결국 모두는 뒤에 가서 줄을 서기로 했어요.

가라앉지 않는 화를 겨우겨우 삭이고 있는데, 옆에 있던 동생이 말했어요.

"이게 뭐라고 다들 이렇게들 타려고 하는 거야?"

순간 아차 싶었어요. 그러게나 말이에요. 이게 뭐라고 이렇게들 타려고 하는 걸까요. 여기에 있는 그 누구도 몰라요. 그저 유명하다니까 타는 거예요.

그렇게 몇 대를 더 보내고서야 힘들게 트램을 탔어요. 덜컹덜컹 낡은 소리를 내며 잘 달린다 싶었는데 오늘 무슨 날인가 봐요. 얼마 못 가 갑자기 트램이 멈춰 섰어요. 정해긴 길로밖에 다닐 수 없는 트램 특성상 좁은 골목에 차가 세워져 있으면 움직일 수 없어요. 알고 보니 반대편에서 오는 트램이 골목에 빼곡히 주차된 차 때문에 움직이지도 못하고 있지 뭐예요. 차 주인이 올 때까지 기다리는 수밖에 없는 상황이 되고 말았어요. 10분, 20분, 30분 하염없이 흐르는 시간. 아무래도 트램은 저희랑 인연이 아닌가 봐요. 기다리다가 결국 내리기로 했어요. 이대로 시간을 날려버릴 순 없으니까요.

조금 걷다 보니 우리 같은 트램 7~8대가 줄줄이 사탕처럼 멈춰 있는 거 있죠. 분명 사람들로 가득했을 텐데 지금은 텅 비어 있어요. 골목은 트램 주차장이 됐어요. 기사님들은 내려서 담소를 나

뉘요. 관광객들은 트램을 배경으로 사진을 찍어요. 모두 목적지 따윈 잊은 지 오래죠. 짜증이 날 법한 상황인데도 아무도 불평하진 않아요. 이마저도 시간이 지난 후엔 하나의 추억이 될 게 분명했으니까요. 언제 다시 출발할지는 아무도 알 수 없어요. 때가 되면 가는 거예요.

피식하고 웃음이 났어요. 참 재미있는 상황이다 싶었죠. 누군가에겐 지극히 평범한 일상이고 누군가에게는 아주 특별한 일상이 코미디 영화처럼 뒤섞여 있는 광경이었다고나 할까요.

"누나, 트램은 한 번 타봤으니 됐어. 그냥 슬슬 걸어가자."

그렇게 한참을 걸었어요. 걸으니 더 잘 보이고 좋은 것 같기도 해요. 물론 시원한 바람 대신 뜨거운 태양이 함께였지만 말이에요. 느림의 미학. 이럴 때 쓰는 말인가 봐요. 햇살에 지칠 때쯤 숙소에 들어왔어요.

한바탕 휴식을 취하고 늦은 저녁, 야경을 보러 가기로 했어요. 전철을 탔어요. 잘만 달리던 전철이 멈춰서더니 알 수 없는 말들로 안내 멘트가 나오지 뭐에요. 고장이 났대요. '아, 오늘은 안 풀리는 날이구나' 하고 주저 없이 밖으로 나왔어요. 전망대까지 어떻게 가야 하나 찾아보니 트램을 타고 가는 방법이 있더라고요. 내심 겁이 났어요. 아침 같은 일이 또 생기지 않을까 하고요. 그래도 방법이 없으니 정류장으로 향해봅니다. 다행히 운이 좋았던 건지 아침에

는 그렇게 고생을 하면서 탔던 트램을 한 번에 탔어요. 그것도 아주 여유로운 좌석에 앉아서, 시원한 저녁 바람을 맞으며.

"아침에 뭐 하러 그렇게 탔나 싶다. 그냥 맘 편하게 아무거나 타면 되는 것을. 훨씬 여유롭고 좋네."

우린 남들이 하는 건 다 하고 싶은가 봐요. 유명하다고 하는 건 한 번쯤 해봐야 해요. 그 기준에 갇히길 선택한 건 어쩌면 나 자신일지도 몰라요. 나는 다르다고 생각했는데 별반 다르지 않은 사람이었어요.

오늘은 아무 데도 안 가면 좀 어때요.

남들이 하는 거 안 하면 좀 어때요.

그냥 앉아서 멍하니 더위나 식히면 좀 어때요.

오늘은 그거면 충분해요. 지금의 여행은.

물론, 며칠이 지난 후엔 또 어딘가를 가겠죠.

그리고 또, 비슷한 상황을 만날 거예요.

이래서 삶을 여행이라고 하나 봐요.

내일은, 버스를 타야겠어요.

왜냐하면, 유명한 에그타르트를 먹으러 멀리 가야 하거든요.

오늘은 아무 데도 안 가면 좀 에때요.
남들이 하는 거 안 하면 좀 에때요.
그냥 앉아서 멍하니 더위나 식히면 좀 에때요.
오늘은 그거면 충분해요.

chapter 4

그렇게 해피엔딩

해피엔딩

스위스: 그린델발트

동화 속에나 나올 법한 곳이 지구상엔 생각보다 많다. 나에겐 스위스가 그랬다. 스위스를 떠올리면 짙푸른 초록색이 가장 먼저 떠올랐다. 맑은 하늘과 끝없이 펼쳐진 들판, 그 위를 뛰어다니며 노닐 것 같은 어린아이들. 그래서 그곳에 가면 때 묻고 탁해진 마음마저 한없이 맑고 깨끗해질 것만 같은 기분이었다. 엄마가 읽어주던 동화책을 순수한 마음으로 듣던 소녀가 그곳엔 여전히 살고 있었다. 그래서 난 그곳에 가고 싶었다.

빡빡한 일정과 예산에도 불구하고 조금은 무리해서 스위스행을 택했다. 물론 내가 상상했던 초록

의 스위스를 볼 수 있는 계절은 아니었지만 왜인지 모르게 가야 할 것 같은 강한 끌림이 느껴졌다. 겨울의 스위스는 내가 상상했던 드 넓은 초원이나 싱그러움은 없었지만 그 대신 따스한 온기와 아늑 함을 물씬 풍겼다. 거리에는 연말과 새해를 지나 저마다 부푼 마음 으로 일상을 거니는 사람들로 가득했고, 나무엔 이들의 염원이 담 긴 노란 앵두알 조명들이 어여쁘게 걸려 있었다.

"뭐할까 우리. 아쉬운 대로 중간까지라도 갈까?"
"그래!"
"저녁엔 환불받은 돈으로 맛있는 것도 먹자."
뽀드득- 뽀드득거리는 눈을 밟으며 그린델발트행 열차에 몸을 실었다. 계획대로라면 지금쯤 우린 융프라우에 올라 패러글라이딩 을 하며 드넓은 초원 위를 날고 있어야 할 시간이었다. 하지만 지 난밤 투어사로부터 날아온 한 통의 메일에 모든 일정이 하늘로 공 중분해되고 말았다.

'죄송합니다. 기상청의 날씨 악화 예고로 금주 모든 일정은 취 소되었습니다. 예약하신 비용은 바로 환불 처리 도와드리겠습니다 ….'

눈을 비비며 메일 내용을 몇 번이고 다시 읽었다. '내가 해석을 잘못한 걸까. 도대체 이게 무슨 일이람. 겨우 3일 머무는 스위스에 서 이런 날벼락 같은 일이 생기다니.' 동심이 짓밟히는 소리가 들

렸다. 장난감을 사달라고 조르는 어린아이처럼 그 자리에 주저앉아 괜히 떼를 쓰고 싶은 심정이었다. '내가 여기까지 어떻게 왔는데…!'

아쉬운 마음을 가득 안고 도착한 그린델발트에서 우린 인적이 드문 작은 길을 쫓아 언덕 위로 올라갔다. 한참을 골목을 따라 올라가다 보니 지어진 지 꽤 오래되어 보이는 집과 눈이 소복이 내려앉은 녹슨 자전거 한 대가 눈에 들어왔다. 분명 어디선가 본 적이 있는 것 같은 풍경이었다. 아마도 어린 날의 내가 읽었던 동화 속에서 주인공이 살고 있던 그런 집. 화려하지도 그렇다고 지나치게 허름하지도 않은 그런 아기자기한 집. 곧이어 비슷한 집들이 나란히 줄지어 이어졌다. 언덕 아래는 내 손바닥보다 작은 기차들과 미니어처 같은 사람들이 가득했고, 그 순간 주변의 모든 풍경들은 귀여운 장난감이 된 듯 현실의 경계를 넘어 나에게 왔다.

아무도 찾지 않을 법한 좁디좁은 골목을 휘저으며 우리만의 스폿을 조금 더 찾기로 했다. '왜 그런 거 있잖아. 어느 날 갑자기 모험을 떠난 공주가 미지의 세계에서 왕자를 만나는 그런 우연인 듯 필연 같은 공간 말이야.' 때로는 이런 소소한 재미가 여행의 아쉬움을 부족함 없이 달래준다. 아주 잠시 그 세계와 사랑에 빠져본다. 바람의 작은 떨림에 나부끼는 잎사귀와 슬로모션을 건 듯 움직이는 사람들. 현실인 듯 현실이 아닌 것들이 묘하게 교차하는 찰나

'왜 그런 거 있잖아.
어느 날 갑자기 모험을 떠난 공주가 미지의 세계에서 왕자를 만나는
그런 우연인 듯 필연 같은 공간 말이야.'

순간들에 집중해본다.

해가 지고 거리의 불빛들이 하나둘 켜졌다. 이마저도 낭만이 넘친다. "딸랑-" 경쾌한 종소리가 귓가에 박혔다. 뾰족뾰족하기만 했던 마음에 무언가 날아와 앉았다. 일렁이는 촛불과 붉은 커튼 아래 자리한 테이블에 앉아 보글보글 끓는 퐁듀를 보고 있자니 지금까지 남아 있던 작은 아쉬움마저 사라지는 듯했다. 이럴 때 보면 나는 생각보다 단순한 인간일지도 모르겠다는 생각을 한다. 신기하게도 여행 중에는 기대에 미치지 못하거나 아쉬웠던 순간들에 대한 마음을 비교적 금방 털어버리곤 했다. 일상에선 노력해도 되지 않던 것들이 여행 중엔 세상에서 가장 쉬운 일이 되기도 한다. 어떤 모험이든 어려움은 있기 마련이고 결국엔 해피엔딩으로 끝날 테니까. 그러니 분명 오늘도 해피엔딩일 거라 믿었다. 동화 속에선 언제나 상상하는 대로 다 이루어질 수 있는 마법과 같은 힘이 있으니 말이다.

주문 실수로 우리 앞엔 놓여진 4~5인분의 오일 퐁듀와 치즈 퐁듀가 그것을 증명하는 듯했다. 우리는 동시에 웃음을 터트렸고 "오늘 한번 배 터지게 먹어보지 뭐!"라고 말했다. 보글보글 끓어 오르는 치즈에 빵을 찍어 입안 가득 넣었다.

'이 맛이야, 내가 상상하던 여행의 맛, 웃음이 절로 나오는 그런 맛.'

오늘의 여행이 아쉬웠던 이유는 그만큼 마음을 쏟았기 때문이었다. 어린 날의 우리에게 현실과 동화의 경계선이 없었던 것처럼, 마음을 쏟는 만큼 내가 그 이야기의 주인공이 되는 것처럼. 그래서 더 소중한 거다.

나는 더. 더. 높이 하늘을 날고 싶었다. 누구나 한 번쯤 그런 꿈을 꾸니까. 상상을 자극하는 동심의 세계에서 마음껏 날고 싶었다. 그러나 나의 스위스엔 드넓은 초원도 맑은 하늘도 푸른 나무들도 없었다. 하지만 괜찮았다. 나의 이야기는 이제 겨우 시작에 불과했고, 굶주렸던 마음의 숲 어딘가에 숨어져 있는 샘물을 찾아 떠난 모험에서 상상도 못 할 만큼 환상적인 것들을 만났으니.

이 여행의 끝은 새드엔딩 따위는 없는 해피엔딩일 것이다.

'그 후로 왕자님과 공주님은 오래오래 행복하게 살았답니다'와 같은 그런 해피엔딩 말이다.

고도를 기다리며

볼리비아: 수크레

오늘은 모험을 떠나볼까 했다. 위험하고 전율 넘치는 그런 모험 말고 어디가 끝인지 모를 드넓은 초원을 하염없이 거니는 지루하고 고독한 그런 모험 말이다.

아침 일찍 눈을 뜨자마자 텅 빈 침대들이 눈에 들어왔다. 내내 북적이던 숙소엔 제 길을 찾아 떠난 여행자들의 온기만 덩그러니 놓여 있었다. 지난밤 울렁이는 속을 움켜쥐고 애써 잠자리에 들었다. 어젯밤 흐릿하게 남겨진 기억 속에는 현란하게 춤을 추는 보름달과 흔들리는 알파벳이 전부였다. 아마도 나는 술김에 취해 쓰러지듯 침대에 누웠던 것 같다. 아주 아주 긴 밤이었다.

라파즈를 지나 수크레에 온 지 6일째. 계획 없이 무작정 찾아온 이 도시에서 벌써 일주일째 시간을 보내고 있다. 한곳에 오래 머물

'구름 위에 앉으면 어떤 기분일까?
폭신폭신할까?'

나는 여행을 사랑하지 않는다

다 보니 누군가를 맞이하고 떠나보내는 게 익숙해진 일상이다. 이곳에서는 대부분 혼자만의 시간을 보내고 있다. 특별히 하는 일 없이 온종일 테라스에 앉아 노트북으로 영화를 보고, 그러다 배가 고프면 밥을 먹으러 나가고, 소화를 시킬 겸 거리를 거닐다 숙소로 들어와 와인 한 잔을 마시며 잠자리에 들었다.

어떠한 파동도 없이 잔잔한 일상의 연속. 마치 사무엘 베케트의 〈고도를 기다리며〉를 연상시키는 듯한 의미 없이 반복되는 상황들의 나열. 무엇을 기다리는 것인지도 모른 채 그저 시간의 흐름에 몸을 맡겼다. 왜냐면 그날은 여느 날과 같이 해가 뜨고 달이 지는 것처럼 눈이 떠졌으니까. 자칫하면 재미없고 외롭게 느껴질 수도 있는 일상이었지만 왜인지 모르게 유쾌했다.

저무는 저녁노을을 바라보며 불어오는 바람에 온갖 상상의 나래를 펼쳤다. '구름 위에 앉으면 어떤 기분일까? 폭신폭신할까?' 하는 그런 쓸데없는 상상들. 킥킥 하고 웃음이 터져 나왔다. 그러다 어느 순간 불안감과 걱정에 사로잡혀 신호등 켜지듯 마음에 빨간불이 들어오곤 했다.

'시간을 이렇게 헛되게 쓰면 안 돼. 의미 있는 무언가를 해야 해!' 다시 위험천만한 모험의 길로 뛰어들려는 나를 발견했다. 하지만 이런 의미 없는 상념의 끝은 결국 같았다. 아무 일도 일어나지 않는다는 것.

에스트라공이 말했다. "디디, 우린 늘 이렇게 뭔가를 찾아내는 거야. 그래서 살아있다는 걸 실감하게 되는 거지."(사무엘 베케트의 작품《고도를 기다리며》일부분)

돌이켜보면 나의 상념은 그저 살아있음을 느끼게 해주는 차가운 얼음 같은 거였다.

때론 목적 없는 모험도 나쁘지 않다고 생각했다. 낭만에 젖어 거리의 사람들을 구경하는 일도, 따스한 햇볕에 스르르 낮잠이 들어 달과 별이 뒤엉킨 저녁을 맞이하는 것도. 모든 것은 저마다의 힘이 있었다. 모험은 그 자체로 의미를 지니고 있으니까. 의미, 의미를 어떻게 찾아내야 할까. 이 질문은 '삶을 사랑하고 있는가?'라는 질문과도 같았다. 그러고 보면 나는 매일매일 아주 다양한 모험이 가득한 길 위에 있었다. 아픔, 고통, 상실, 고뇌. 때론 사랑, 기쁨, 행복. 그리고 지루함과 고독이라는 아주 쓸쓸한 주제의 모험까지. 어느 것 하나 똑같은 것이 없었다.
블라디미르가 말했다.
"난 오늘, 이 긴 하루를 헛되게 보낸 건 아니야. 그래서 오늘의 일과도 이제 다 끝나간다는 걸 자신 있게 말할 수 있는 거지."(《고도를 기다리며》는 별다른 사건 없이 같은 말을 반복하는 주인공들로 극이 구성되어는 부조리극의 대표적인 고전 작품이다.)

느지막이 밖으로 나가 근처 상점에서 맥주 한 캔과 바로 앞 빵집에서 레몬파이 하나를 사 왔다. 오늘 저녁은 영화 한 편과 함께 노을을 맞이할 예정이다. 스콧 팩의 《아직도 가야 할 길》의 한 구절이 떠올랐다.

'모든 삶 자체가 모험을 의미한다. 삶을 사랑할수록 모험도 더 많아진다.'

삶이 이렇다면 나는 내 삶을 격렬히 사랑하고 있다. 방금 먹다 남은 레몬파이까지도.

에스트라공이 물었다.

"내일도 고도 씨를 기다리러 이 버드나무 밑에 와야 할까?"

"응 와야 해." 하고 블라디미르가 답했다.

아마 나는 내일도 오늘과 같이 노트북을 들고 테라스에 앉아 영화를 볼 것이다.

조금 다른 게 있다면 상큼한 레몬파이 대신 아주 달콤한 초콜릿 머핀을 먹을 예정이라는 것.

정열을 그대에게

아르헨티나: 라보카

부에노스아이레스에서 버스를 타고 한 시간, 탱고의 고장 라보카에 도착했다. 뜨거운 태양을 피해 그늘에 자리를 잡으면 바람이 살며시 인사를 건넨다.

달콤한 둘세 데 레체dulce de leche: 우유를 캐러멜 상태로 만든 아르헨티나의 전통 디저트 프라푸치노 한 잔, 그리고 격정적인 탱고 음악. 목을 타고 흘러내리는 끈적거리는 땀과 바람의 시원함이 옷과 피부 사이를 파고들었다. 모든 것이 절묘하게 짜인 하나의 작품 같았다. 어디선가 들려오는 탱고 음악이 아찔하게 느껴졌다.

라보카에서 만난 탱고의 첫 느낌은 굉장히 강렬했다. 이곳에서 잘 갖춰진 화려한 공연장은 아무런 의미가 없었다. 작은 항구 도시

가 가진 분위기 그 자체만으로 예술적 분위기를 한껏 풍겼다. 어느
덧 거리는 카페에서 흘러나오는 탱고 음악을 배경음 삼아 세상에
서 하나뿐인 공연장으로 바뀌었다. 거리를 거닐던 관광객들은 그
누구보다 공연을 열정적으로 즐겨줄 최고의 관객이 되었으며 반짝
이는 의상을 입은 무용수들은 그런 관객들을 향해 정중히 인사를
했다. 여기저기 박수 소리가 들렸다.

　그녀는 우아하게 그의 손을 마주 잡았다. 그는 다른 한 손을 그

녀의 허리에 살포시 올려놓고, 음악의 선율에 맞춰 그녀를 리드했다. 서로의 호흡이 느껴질 정도로 가까운 거리, 그녀는 그의 호흡을 따라 숨을 내쉬었다. 둘은 마치 자석처럼 서로를 끌어당기듯 춤을 췄다. 거친 호흡 사이로 아찔함을 넘어선 무언가가 전해졌다. 그들의 춤에서 왜인지 모를 우울함과 슬픔이 묻어났다. 남녀 간의 애증처럼 벗어나고 싶어도 벗어날 수 없는 굴레에 빠진 듯 모든 동작 하나하나에는 삶에 대한 애환이 담겨 있었다.

탱고Tango. 스페인의 플라멩코와 함께 가장 인상적인 예술로 꼽힌다는 명성을 증명이라도 하듯 하나가 된 두 무용수가 주고받는 뜨거운 눈빛과 관능적인 춤사위는 탱고 특유의 매력을 극대화시켰다. 어느덧 음악은 절정을 향해 달려가고 있었고, 무용수들은 피아졸라의 〈리베르 탱고Libertango〉(탱고 작곡가 아스토르 피아졸라의 곡으로 1974년 발매되었다. 제목은 'Liber tad' 스페인어로 '자유'와 '탱고'를 합친 것이다.)에 맞춰 춤을 췄다. 작은 박자 하나도 놓치지 않으려 아주 미세한 움직임까지 서로에게 온전히 집중하는 그들의 춤은 아름답다는 말로는 부족했다.

춤은 몸의 언어라고 한다. 화려하고 절도 있는 움직임 속에 집약된 삶의 정서는 아름다우면서도 서글펐다. 긴장감 넘치는 멜로디와 어둡고 무거운 분위기를 풍기는 탱고는 라보카로 넘어온 가난한 이민자들의 고독함과 격정을 고스란히 품고 있었다. 호흡을 멈추게 만드는 전율, 치명적인 유혹. 그 이상의 의미를 가진 탱고. 그게 바로 탱고가 가진 묘한 매력이었다. 탱고가 세계적으로 사랑을 받을 수 있었던 이유는 예술이 가지고 있는 특유의 오락적 즐거움과 함께 풍부한 철학적 표현을 품고 있기 때문이었다.

인간의 육체가 표현할 수 있는 최대의 아름다움, 나는 그래서 춤 너머의 진짜 '몸짓'을 동경한다. 움직임에서 오는 힘이 얼마나 크고 대단한지 잘 알고 있기 때문이다. 몸의 자유 그리고 속박. 그

사이 어딘가에서 진정한 삶을 발견한다.

음악이 끝나고, 한참을 멍하니 앉아 탱고의 멜로디와 춤사위의 잔상이 남아 있던 거리를 바라봤다. 어디선가 또 다른 탱고가 선율이 들려왔다. 손에 들고 있는 둘세 데 레체 프라푸치노의 달콤함을 집어삼킬 만큼의 경쾌한 도입부였다. 단숨에 사람들의 시선을 사로잡았다.

그의 손이 다시 한 번 그녀의 허리를 감쌌다. 그들은 어렴풋이 미소를 띤 표정으로 서로를 바라봤다. 곧이어 달콤했던 첫 멜로디와는 사뭇 다른 외로움과 고독함 그 어딘가에 머물러 있는 듯한 반도네온의 연주가 이어졌다. 그는 그녀의 귀에 대고 속삭였다.

"오늘도 우리는 춤을 추는 거야.

삶의 고독은 언제나 멈추지 않고 반복된다는 걸 알잖아.

마치 우리의 춤처럼.

하지만 괜찮아.

이 음악이 끝나면 자유로워질 테니까."

---

* 탱고의 어원 : 바일리 콘 코르떼(baile con corte : 멈출 수 없는 춤)

지혜를 발견하는 방법

터키: 이스탄불

　형제의 나라라고 불리며, 유럽과 아시아의 모습을 모두 담고 있는 나라 터키로 떠난다. 인천에서 이스탄불까지 11시간. 길고 긴 시간을 날아 드디어 유라시아의 땅 터키에 도착했다. 뜨거운 여름이 느껴지는 8월의 이스탄불은 강렬했다. 이번 터키 여행의 주제는 '만남'이다. 과거와의 만남, 현재와의 만남, 미래와의 만남. 그 속에 숨어있는 지혜를 발견한다.

　무언가와 만나는 일은 삶의 역동성을 부여한다. 그 만남이 여행에서 이루어질 때 시너지 효과는 더욱더 증폭된다. 역사책이나 지식으로 알고 있던 공간이 눈앞에 펼쳐졌을 때의 만남은 경이로움과 신비로움을 넘어 여행에 풍성함을 더해준다. 그래서 나는 이곳을 새로운 시선으로 바라보기로 했다. 뻔하고 틀에 박힌 그런 여행

나는 이곳을 새로운 시선으로 바라보기로 했다.
뻔하고 틀에 박힌 그런 여행지가 아닌, 숨겨진 보물이 가득한 미지의 세계로.

지가 아닌, 숨겨진 보물이 가득한 미지의 세계로.

　터키라는 나라에 대한 궁금증을 가득 안고 첫 목적지로 향했다. 터키는 유독 역사적 사건들과 관련이 많은 나라이다. 한 국가에 유럽과 아시아가 공존하는 전 세계 유일한 곳이기도 하며 그만큼 다양한 문화가 섞여 있다고 할 수 있다. 그 유명한 콘스탄티노플의 수도였다. 그 당시에는 동로마 제국이라는 명칭이 아닌 비잔틴 제국이라 불리기도 했다.

　터키 여행의 첫 목적지인 그랜드 바자르로 향했다. 이곳은 아시아와 유럽 두 대륙 사이에 걸쳐 있는 세계 최고의 시장이었다. 그

덕에 실크로드라고 불리었으며 그랜드 바자르 때문에 비잔틴 제국이 명성을 누렸다고 해도 과언이 아닐 정도로 큰 영향력을 끼친 곳이었다. 그러나 번영이 좋은 것만은 아니었다. 국가의 번영은 곧 시민들을 쾌락에 빠지게 만들었고 비잔틴 제국은 서서히 몰락했다. 물론 터키뿐만 아니라 전 세계 여러 국가들의 역사를 보면 이와 비슷하게 흥망성쇠를 반복한다. 인간은 경험을 통해서만 깨닫는다던데, 경험만큼 큰 자극제는 없는 것일까. 어쨌거나 이곳은 역사 속에서 엄청난 명성을 누렸던 곳임에는 틀림없다. 시간이 지난 지금, 예전만큼의 명성은 아니지만 여전히 여행객과 현지인들로 인산인해를 이룬다.

가이드분의 설명을 들으면서 참 재미있는 곳이라는 생각을 했다. 두 세계가 뒤섞인 이곳에서 시간 속에 잠들어 있는 누군가의 열망과 욕망을 본다. 전쟁과 약탈, 명예와 탐욕. 수천 년의 시간이 흘러 전해지는 이야기 속에서 인간이 가진 본성에 대해 생각해보게 된다. 이렇게 여행은 누군가의 경험을 경험하게 한다. 모르고 봤다면 시끄러운 시장에 불과했을 곳이 사뭇 색다르게 보이기 시작했다.

누군가 그랬다.

"작은 것 하나에도 호들갑을 떨면서 여행하다 보면 더 큰 것들을 발견하게 된단다."

터키는 길가의 돌 하나에도 이야기가 담겨 있다. 무심코 지나칠

법한 모든 것에 보물이 숨겨져 있다고 해도 과언이 아니다. 모스크
에 기둥에 새겨진 문자들과 이제는 유적이 되어버린 고대 도시 에
페스Efes 곳곳에 남겨져 있는 과거의 흔적을 만난다. 그동안 얼마나
삶을 무관심하게 들여다보았는지 새삼 느낀다. 여행은 떠남 그 자
체로 의미가 있지만 더 큰 의미는 곳곳에 숨겨진 지혜를 발견하는
것에 있다.

'우리는 지혜로워지기 위해 여행한다.'

여행은 경험이다. 경험이란 곧 많은 지혜를 의미하기도 한다.

인간은 시대마다 다른 방식으로 지혜를 찾기 위해 산다

지혜가 많아질수록 삶은 풍요로워진다. 우린 결국 풍요로워지기 위해 여행을 하는 셈이다. 때때로 여행이 도피의 수단이 되기도 하지만 그 또한 삶을 조금이라도 지혜롭게 살기 위한 노력에 지나지 않는다.

인간은 저마다 다른 방식으로 지혜를 찾기 위해 산다.

가장 화려했지만 가장 초라했던, 어느 한 나라의 역사 속에서

우린 숨겨진 어떤 지혜를 발견한다.

오늘의 터키처럼.

자연 속의 부조화

아르헨티나: 엘 칼라파테

보는 것만으로도 눈이 멀 것 같은 짙푸른 빙하. 아르헨티나 남
쪽 파타고니아에 있는 엘 칼라파테El Calafate의 빙하 국립공원에 가

기로 했다. 엘 찰텐El Chalten에서부터 일정이 꼬이기 시작해서 모레노 빙하에 가는 것은 포기해야만 했다. 모레노 빙하는 유네스코 자연유산으로 지정된 인간이 갈 수 있는 빙하 중 가장 아름다운 빙하로 알려져 있는 곳이다.

아쉬운 마음에 보트 투어를 신청했다. 보트를 타자마자 자신에게 다가오는 인류를 거부하기라도 하듯 하늘에선 차가운 빗방울이 쏟기 시작했다. 거대한 빙하가 눈앞에 펼쳐졌다. 60m 높이의 빙하장벽 앞에 있으니 새삼 이 자연 앞에 인간이 얼마나 작은 존재인지를 깨닫게 한다. 어디선가 거대한 굉음과 함께 빙하가 무너져 내렸다. 침묵 속에 빙하가 만드는 엄청난 폭발음. 이 거대한 빙하는 계속해서 자라나고 계속해서 소멸한다. 자생하지만 인간의 어리석음

으로 녹아내린다.

다시 한 번 폭발적인 굉음과 함께 빙하가 무너져 내린다. 그들은 울었다. 우린 웃었다. 얼마나 아이러니한 상황인가. 알 수 없는 감정이 올라왔다. 이상하게 가슴 한편이 저릿했다. 지구의 파괴를 내 눈으로 직접 보고 있으려니 슬픔과 안타까움이 한 대 뒤섞여 나도 모르게 탄식이 흘러 나왔다. 웃고 떠들고, 마시고 즐기며 우리는 오늘도 무언가를 망가트린다.

사람 또한 자연의 한 존재임을 부정하고 파괴하며 살아가는 인간의 욕심은 어디까지일까,라는 생각이 들었다. 다가올 미래에 이뤄질 대규모 과학 기술에서 가장 중요한 키워드는 '환경'일 정도로 많은 분야에서 환경 보호에 관한 관심이 높다. 물론 이뿐만 아니라 여기저기에서 환경을 보호하자는 목소리가 높아지고 있다. 하지만 정작 그 안에서 살아가는 우리는 관심 있는 척 무관심하다. 어릴 때부터 당연하듯 들어왔던 '환경 보호'는 시간이 지날수록 점점 더 나와는 관련 없는 일이라 생각되었다.

오랜 시간 그들만의 시간과 정성으로 쌓이고 쌓여 모습을 만들어온 자연의 소멸은 결코 먼 미래의 일이 아니다. 지금 눈앞에서 녹아내리는 빙하를 직접 보고 있는 이 순간에도 이루어지고 있었다.

우리도 자연 일부분일 뿐인데
너무 많은 순간 그것들을 잊고 사는 건 아닐까?

태초의 탄생, 자연의 섭리, 인간의 흔적, 이질적인 햇살, 폭발 같은 굉음 그리고 태생으로부터의 분리. 우리도 자연 일부분일 뿐인데 너무 많은 순간 그것들을 잊고 사는 건 아닐까? 자신이 탄생한 곳을 파괴하는 것만큼 어리석은 일이 어디 있을까. 결국 부자연스러움은 부조화를 탄생시킨다. 맞지 않은 퍼즐을 끼워 맞추려는 것과 같다. 부조화로 가득한 세상. 그 속에서 자신을 지키려는 자연의 몸부림.

조화를 이루며 산다는 것. 어쩌면 지금, 이 순간, 거대하고 푸른 빙하 앞에 우린 하나의 작은 존재에 지나지 않다는 사실을 인정하는 것부터 시작되는 것은 아닐까.

삶과 죽음의 공존

인도: 바라나시

사람, 동물, 자동차, 자전거, 오토바이, 릭샤. 도로에는 이동 수단이라고 부를 수 있는 모든 것들이 뒤엉키듯 섞여 있었다.

24시간 귀를 괴롭히는 클랙슨 소리에 정신이 혼미해졌다. 빽빽한 도로 위는 혼돈 그 자체였다. 코를 찌르는 듯한 고약한 냄새와 퀘퀘한 공기, 시끄러운 도시의 소음들, 끈적이는 날씨. 바라나시는 내가 상상했던 것보다 훨씬 더 혼란스러운 도시였다.

그러나 카오스 같은 이곳도 약간의 불편함을 견뎌내고 둘러보니 저마다의 규칙과 흐름이 있었다. 그 속에서의 순리가 눈에 보이는 순간, 어느 것 하나 편하고 익숙한 것 없는 이곳에 차츰 적응해가고 있음을 의미했다.

카오스 같은 이곳도 약간의 불편함을 견뎌내고 둘러보니
저마다의 규칙과 흐름이 있었다..

그 속에서의 순리가 눈에 보이는 순간, 어느 것 하나 편하고 익숙한 것 없는
이곳에 차츰 적응해 가고 있음을 의미했다.

'갠지스강Ganges River: 어머니의 강'이라 불리는 이곳에선 많은 이들이 삶의 환희와 애환을 강가에 흘려보낸다. 타오르는 불꽃들 사이로 이미 잿더미가 된 육신을 멍하니 바라보는 가족들, 하지만 슬퍼하진 않는다. 이로써 육신의 생은 숨을 다하였지만 죽음과 동시에 시작될 영혼의 안식을 믿기 때문이다.

강의 성스러움을 온몸으로 받아들이고자 목욕재계를 하는 사람들. 그리고 누군가의 생애와 눈물이 모인 그곳에서 물놀이를 하는 어린아이들. 삶이 뒤엉킨 이곳은 참 아이러니하다. 마니카르니카 가트Manikarnika Ghat 화장터에서는 하루에 150~200구의 시신들을 태워 강가에 뿌린다고 한다. 탄생과 죽음의 끊임없는 윤회. 24시간

삶과 죽음이 공존하는 곳 바라나시 갠지스강.

인간은 죽어서 어디로 가는가. 인간은 그 근원적인 물음에 대한 답을 찾아 헤매며 생을 보낸다. 모두가 죽음은 삶의 반대 선상에 서 있다고 하지만 그렇지 않다. 죽음은 삶을 대변한다. 결국 죽음은 삶과 같다. 죽음이 있기에 삶이 존재한다. 어쩌면 생에 대한 사랑이 죽음을 더욱 성스럽게 만드는 걸지도 모른다.

이곳에서 그들은 각자의 방식과 문화로 오늘도 하루를 살아낸다. 그들은 삶의 순리를 따른다. 누군가 그랬다. 바라나시에서 인도의 모든 삶을 볼 수 있다고.
덜컹덜컹. 흔들리는 야간기차의 소음이 메아리처럼 느껴진다.
소란스러운 고요함 속의 혼자만 안식을 그려본다.

태양의 신 라^{Ra}

이집트: 시나이반도

저 새벽 한 시, 구름 한 점 없는 맑은 날씨, 그 위에 밝게 빛나던 달과 별. 일출을 보기 위해 시나이산에 올랐다. 달빛에 의지해 별빛을 길잡이 삼아, 황량하기 그지없는 돌산을 오르고 또 올랐다. 추운 바람에 움츠러드는 몸을 달래며 해가 뜨기만을 기다렸다.

여명을 알리는 시간. 지평선 너머로 보이는 붉은 태양이 모습을 드러내기 시작했다. 뜨거운 태양 빛으로 하나둘 제 이름을 얻어가는 세상은 늘 그렇듯 경이로웠다. 천지창조의 순간이 이랬을까.

'시나이산'

　모세가 십계명을 받았다고 알려진 이 산은 풀 한 포기 살지 않은 악명 높은 산악지대이다. 여전히 인간은 높은 곳을 향해 오른다. 칠흑 같은 어둠 속에 침묵을 유지한 채 정상을 향해 간다. 빠르게 뛰는 심장을 부여잡고 거친 숨을 내뱉으며 오르고 또 오른다. 생명의 온기라고는 찾아볼 수 없는 황량한 산이지만 그저 묵묵히

정상을 향해 올랐다. 인간들은 이렇게라도 생生에 대한 새로운 명
분을 찾고 싶은 걸지도 모른다.

이집트 신화를 보면 '라Ra'라는 태양의 신이 나온다. 고대 이집
트 사람들은 태양의 신 '라'가 지구 밖 우주에서 혼돈인 어둠과 싸
워 매일 아침 태양을 뜨게 한다고 믿었다. 끝없는 영원의 싸움인

셈이다. 그 싸움은 고난이자 생명 그 자체를 뜻했다. 그러니 고대 이집트인들에게 태양의 신 '라'의 존재는 절대적일 수밖에 없었다. 춥고 황량한 사막 같은 대지 위에 빛은 가장 중요한 요소 중의 하나였기 때문이다. 낮과 밤의 끊임없는 항해. 해가 뜨고 지는, 지극히 당연한 순리를 이집트인들은 자신들만의 의미로 해석했다. 그것은 곧 새로운 날에 대한 감사를 의미하기도 했다.

시나이산의 또다른 이야기의 주인공인 모세는 십계명을 받기 위해 홀로 산을 올랐다. 신과 인간이 만나는 지점. 그는 이 산을 오르며 어떤 마음이었을까. 새벽의 고난을 견뎌내며 그곳에서 받았던 신의 계시는 또 다른 삶의 창조를 알리는 것이지 않았을까 생각했다. 마치 이집트인들이 태양의 신 '라'에게 매일같이 새로운 삶을 선물 받았다고 믿었던 것처럼 말이다. 여러 의미에서 이곳은 생명의 기운이 넘쳐나는 곳이다. 딱딱하기 그지없는 돌산에서 풍겨지는 생명력이라니. 아이러니했지만 그래서 더 강하게 와 닿았다. 어쩌면 쓸모없어 보이는 이 땅에서 신이 메시지를 보낸 이유는 삶의 의미를 잃지 말라는 의미는 아녔을까.

어둠 속에서 올라온 길은 알 수 없다. 빛을 얻은 후에야 돌아가는 길을 알 수 있다. 삶은 이와 비슷한 모습일 때가 많다. 그래서 신들은 매 순간 당연히 여겨지는 것들을 새로운 시선으로 바라보라는 메시지를 전해주고 싶었던 걸지도 모른다.

우리에게 모세의 십계명과 태양의 신 '라' 같은 존재는 무엇일까? 삶 속에서 무엇을 얻고, 어떤 의미를 찾을지는 스스로 부여하기에 따라 달라진다. 어떤 공간에 있든 지금 여기를 소중히 생각하는 것이 가장 중요하다는 뜻이다.

언제나 그렇듯 오늘의 싸움도 '라'의 승리도 끝이 났고, 다시 한번 저 멀리 지평선 너머로 뜨거운 태양이 뜨기 시작했다.

어쩌면 쓸모없어 보이는 이 땅에서 신이 메시지를 보낸 이유는
삶의 의미를 잃지 말라는 의미는 아녔을까.

chapter 5

높게, 그리고 낮게

크리스마스이브

페루: 비니쿤카

새벽 두 시 반, 모두가 잠든 시간 비니쿤카(Cerro Colorado Vini-cunca : 페루 쿠스코 부근에 위치한 고산이다. 형형색색의 지형으로 무지개 산으로도 불린다. 해발 5,000m가 넘는 고산이라 계절에 상관없이 두꺼운 겨울 차림으로 산을 오르는 것이 좋다.)에 오르기 위해 서둘러 준비했다. 지대가 높아 추울 수도 있다는 말에 배낭 깊숙이 잠들어 있던 히트텍과 패딩을 꺼내 입었다.

부랴부랴 준비를 마치고 1층으로 내려가니 투어사 직원이 기다리고 있었다. 전에도 느꼈지만, 이곳 사람들은 참 친절하다. 물론 직업 특성 때문일 수도 있지만 남미 특유의 순수함이 물씬 풍긴다.

생각보다 매서운 바람에 서둘러 버스에 올라탔다. 텅 빈 버스

안, 오늘은 또 어떤 다양한 인생들이 이곳에 담길까 내심 기대되는 마음을 안고 출발했다. 어느새 버스는 세계 각국의 여행자로 가득 찼다. "Buenos días" 누가 먼저랄 것도 없이 아침 인사를 건넨다. 모두 이른 새벽인데도 활기가 넘친다. 그러다 다들 약속이라도 한 듯 까마득한 새벽에 취해 잠에 들었고 버스 안은 금세 고요해졌다. 3시간 정도 달렸을까. 굽이굽이 아찔한 벼랑 같은 산길을 지나 드디어 비니쿤카 입구에 도착했다.

비니쿤카는 페루 쿠스코 지역에 있는 고산 언덕으로 무지개 산으로도 불린다. 발견된 지 얼마 안 된 새로운 관광 지역으로 해발 5,000m가 넘는 고산지대임에도 불구하고 많은 이들이 찾곤 한다. 대개는 산 중턱까지 말을 타고 간다. 나 역시 예약해둔 말을 타기 위해 가이드를 따라갔다. 오늘 함께 산을 오를 일행들과 다 같이 손을 마주 얹고 "Vamos!"를 외쳤다. 국적은 다르지만 이 순간만큼은 말하지 않아도 한마음이다. 저 거대한 산을 무사히 정복하고 귀환하자는 것.

말을 타고 한 시간 정도 산을 올랐을까. 끝도 없이 펼쳐진 평야와 굽이진 산길이 반복된다. 말에게 괜히 미안한 마음이 들었지만 나도 어쩔 수 없는 인간이었나 보다. 저 높은 산을 오를 생각을 하니 엄두가 나지 않았다. 불행인지 다행인지, 아니면 조금의 죄책감이라도 덜라는 건지 말이 이동하기 어려운 마지막 구간은 걸어 올라가기로 했다. 꽤 가파른 언덕이 이어졌다. 고산병을 견디지 못하고 되돌아오는 사람들이 생겨나기 시작했다. 나 역시 조금씩 호흡이 가빠왔다. 차가운 칼바람에 귀까지 멍해졌다. 이대로 내려갈 것인가 아니면 정상을 향해 전진할 것인가. 후 거친 호흡을 고른다. 그리고는 올라오느라 미처 보지 못했던 등 뒤의 풍경을 두 눈에 담는다. "와" 짧은 감탄사가 절로 나왔다. 더 멋진 순간을 담기 위해 다시금 정상을 향해 발길을 옮겼다. 이걸로는 부족했다. 고지가 얼마 남지 않았으니 조금 더 힘을 내어본다.

오늘따라 하늘이 유난히 높고 맑다.
오늘은, 조금은 특별한 그래서 잊지 못할 크리스마스이브다.

"자, 내 손 잡고 올라와. 거긴 위험해."

기꺼이 내어준 누군가의 손에 나도 모르게 미소가 번진다.

오늘도 역시나 나는 혼자가 아니다. 정상을 향해 오르는 모든 이들이 서로 응원해주고 험한 길에선 서로의 손을 내어준다. 이 때문에라도 정상에 가야 한다.

"남미는 힘들지 않고는 아름다운 풍경을 볼 수 없는 거야?"라며 볼멘소리로 농담을 던졌다.

"정상에서 보는 풍경만큼 말로 표현할 수 없는 것도 없지. 그래서 우리는 계속 오르는 거야. 사진으로 보는 건 직접 눈에 담는 것만 못해." 누군가 답했다.

숙소를 나온 지 9시간 만에 정상에 닿았다. 눈앞에 말로 표현할 수 없는 만큼의 경이로운 풍경이 펼쳐졌다. 이곳에서의 여행은 매 순간이 감탄이다. 궁금했다. 이 깊은 산속에 있는 보물을 누가 제일 처음 발견했는지. 누군가의 노력과 누군가의 의외의 시선과 누군가의 호기심이. 시간의 여백을 타고 흘러 현재의 나에게까지 닿았다.

여행은 늘 그렇다. 시공간을 초월한다. 나를 또 다른 세계로 데려간다. 지금 내가 이곳이 있는 이유다. 가는 시간이 아까워 눈과 마음에 그리고 카메라에 풍경을 원 없이 담았다.

내려가는 발걸음이 가볍다. 돌아가는 버스 안, 모두 너나 할 것 없이 기절했다. 그러나 이 순간 모두 알록달록한 무지개 위를 나는 꿈을 꾸고 있으리라 생각했다.

오늘 따라 하늘이 유난히 높고 맑다.
오늘은, 조금은 특별한 그래서 잊지 못할 크리스마스이브다.

만년설 그곳

칠레: 푸콘

언제나 그곳은 하얗게 빛이 난다.

눈이 아플 정도로.

여행하다 보면 간혹 기대하지 않았던 도시로부터 아주 강한 끌림을 느낄 때가 있다. 나에겐 칠레의 푸콘이 바로 그런 곳이었다. 남미 여행을 가기 전에는 전혀 들어보지도 못했던 이곳은 여행 중에 현지인의 추천으로 알게 되었다. 푸콘은 원주민 언어로 '산맥의 입구'라는 뜻이라고 한다. 현지인들은 물론 여러 나라 관광객들이 찾는 곳이라 칠레 최고의 휴양지기도 하다. 덕분에 다양한 액티비

---

* 만년설 : 강설량이 녹는 양보다 많아서 1년 내내 남아 있는 눈.

티가 가득해 심심할 틈이 없다. 그중에서도 가장 대표적인 액티비티는 단연 비야리카(Villarrica: 칠레에서 화산 활동이 가장 활발한 화산 가운데 하나로 높이는 2,847m이다. 화산이 위치한 덕분에 푸콘은 온천으로도 유명하다.) 화산 트레킹이다. 비야리카는 아직까지 살아 있는 화산이기 때문에 트레킹은 화산이 활동하거나 날씨가 안 좋으면 불가능하다. 말 그대로 운이 따라줘야만 가능한 액티비티란 소리다.

예약을 하러 가는 길, 흐릿해진 날씨에 걱정이 되기도 했지만 여행 중 나의 운을 믿어 보기로 했다. 지금까지의 전적을 보았을 때 날씨의 여신은 언제나 나에게 승리를 가져다주었으니.

아침 여섯 시, 새벽 강바람에 날이 차다. 바람막이와 패딩 사이로 느껴지는 한기에 절로 몸이 움츠러들었다. 뜨거운 낮과 추운 새벽이라니, 이곳의 날씨는 늘 그렇듯 여러 얼굴을 한 채로 하루를 시작한다.

가이드에게서 등산화와 갖가지 장비들이 들어 있는 가방을 하나씩 받아들고 차에 올라탔다. 헬멧과 보호대를 단단히 착용했다. 활화산이라는 사실에 괜히 더 긴장됐다.

저 멀리 눈 덮인 화산이 보인다. 오늘 내가 만나야 할 산이다. 본격적인 트레킹에 앞서 산 중턱까지 케이블카를 타고 올라가기로 했다. 안전장치 하나 없는 케이블카라니, 한국이라면 상상도 못 했을 광경이었지만 이곳에선 모두 아무렇지 않은 듯 케이블카에 탑승한다.

크게 심호흡을 하고 본격적인 트레킹을 시작했다. 새하얀 설원 위로 비치는 햇살이 영롱하게 빛을 뿜어낸다. 만년설. 여름과 겨울의 조화. 이곳의 또 다른 매력이다.

눈과 얼음으로 덮인 산을 오르기란 생각보다 쉬운 일이 아니었다. 잠깐만 긴장을 놓쳐도 몸이 뒤로 넘어가거나 다리에 힘이 풀려

미끄러질 수도 있는 상황이었다. 밑에서 볼 때는 가까워 보이던 정상이었는데 가도 가도 끝날 기미가 보이지 않는다. '거의 다 왔겠지' 하고 첫 번째 언덕에 도착했을 때쯤 정상은 여전히 저 멀리서 나를 지켜볼 뿐이었다. 동행들과 노래를 부르며 올라갔다.

오늘의 선곡은 뱅크의 〈가질 수 없는 너〉.

"나를 봐 이렇게 곁에 있어도 널 갖지 못하잖아~."

분명 이때까지만 해도 웃음과 여유가 가득했던 것 같다. 그러나 노래도 아주 잠시였다. 트레킹을 할 때마다 '두 번 다시는 이런 걸 하지 않으리!' 하고 다짐하지만 인간은 매번 같은 실수를 반복한다. 아마도 정상에서 느끼는 그 짜릿함에 중독된 걸지도 모르겠다. 4시간 정도 흘렀을까. 화산 분출구의 바로 밑 마지막 베이스캠프에

도착해 짐을 내려놓고 방독면을 쓰고 정상을 향해 올라갔다. 화산 정상에 다다르니 느껴지는 메케한 유황 냄새에 절로 기침이 나오고 눈이 매워졌다. 휘청~ 거센 바람이 중심을 잃고 쓰러졌다.

후들거리는 다리를 붙잡으며, 살면서 언제 이런 화산을 내 눈으로 직접 볼 수 있을까 싶어서 조금 더 가까이 갔다. 끝없이 깊은 분화구 사이로 여전히 살아 있다는 걸 증명이라도 하듯 뿌연 연기가 피어오른다. 방독면 사이로 파고들어오는 연기에 연거푸 기침을 해댔다. 결국 대자연의 섭리에 손을 들고 말았다. 인간은 자연을 이길 수 없다는 명제를 다시 한 번 실감한 순간이었다.

많은 사람이 비야리카 화산 트레킹을 하는 또 다른 이유 중 하나는 내려올 때 타는 눈썰매이다. 1년 내내 눈으로 뒤덮여 있는 비야리카는 올라갈 때는 힘들어도 내려올 때 썰매를 타며 내려올 수 있어서 인기가 좋다. 옷을 단단히 챙겨 입고 썰매를 탈 준비를 했다. 막상 썰매에 앉아 아래를 내려다보니 까마득한 높이가 아찔하게 느껴졌다.

"저기까지 썰매로 내려가야 한단 말이지…? 잠깐만 못할 것 같아…."

생각보다 가파른 경사에 나도 모르게 다리가 휘청거렸다.

"아니야, 누나. 할 수 있어요!"

"Hey Girl! you can do it!"

일반 썰매장에서 보던 높이와는 차원이 다른 높이였다. 하기야. 2,800m나 되는 산이었으니, 평소에 겁이 없는 나도 덜컥 겁이 나는 건 당연했다. 한참을 주춤거리다 친구들의 응원에 마음을 먹고 출발했다. 생각보다 빠른 속도에 꺅~ 하고 비명이 절로 나왔다. 하지만 무서운 것도 잠시, 몸을 뒤로 살짝 눕혀 속력을 냈다. 빠른 속도에 눈 덩어리들이 옷 속으로 마구 들어왔다. 그런 건 중요하지 않았다. 아찔한 속도감을 더 경쾌하게 즐기는 것. 그것만이 이곳을 가장 온전히 만끽할 수 있는 방법이었다.

올라올 때 5시간 걸리던 거리를 한 시간 반 만에 내려왔다. 눈 덮인 산을 썰매로 타고 내려오는 경험이라니, 끝날 때쯤 그렇게 아쉬울 수가 없었다. 트레킹부터 썰매까지 온종일 열정적이긴 했던 모양이다. 숙소로 돌아갈 때는 힘 하나 없이 제멋대로 움직이는 다리에 몇 번이고 넘어질 뻔했다. 맥없이 풀려버리는 나의 모습에 모두가 웃었다. 나도 따라 웃었다. 몸은 고됐지만 무언가 하나를 정복했다는 느낌에 괜히 뿌듯함이 밀려왔다.

완주했다는 증명서와 함께, 여정을 함께한 일행들과 자축의 의미로 맥주를 마셨다. 너도나도 땀내를 폴폴 풍기며 오늘의 트레킹 이야기를 안주 삼아 마시는 맥주라니, 이런 행복이 또 있을까.

짠~ 하고 맥주캔을 부딪혔다.

저 멀리 비야리카는 여전히,
그리고 언제나 하얗게 빛을 내뿜으며 반짝인다.
눈이 아플 정도.

저 멀리 비야리카는 여전히,
그리고 언제나 하얗게 빛을 내뿜으며 반짝인다.
눈이 아플 정도.

내가 여행을 사랑하는 이유

내가 여행을 사랑하는 이유는 여행이 주는 예측 불가능성에 있다.

25시간이라는 긴 버스 여정 끝에 바릴로체에서 엘찰텐으로 도착했다. 이곳 엘찰텐에 온 목적은 불타는 고구마라 불리는 피츠로이Cerro Fitz Roy를 보기 위해서였다. 아니나 다를까 여기저기 피츠로이를 보기 위해 온 여행객들로 넘쳐난다. 도보 여행을 위해 이른 아침부터 캠핑 장비를 빌리러 렌탈샵으로 향했다. 여행 중 많고 많은 트레킹했지만, 텐트까지 챙겨 숙박하는 트레킹은 처음이었다. 산은 쉽게 품을 내어주지 않는다던데 걱정이 앞섰다.

장비를 빌리고 문밖을 나서려는 찰나 주인아저씨가 환하게 웃으며 피츠로이를 오르기 가장 좋은 날씨에 왔다며 양손을 힘껏 흔

들어 보였다.

"You're So lucky girl!"

피츠로이Cerro Fitz Roy는 아르헨티나와 칠레 사이 안데스산맥에 있는 피츠로이의 남부 파타고니아의 최고봉이다. 상어 이빨처럼 우뚝 솟아있는 이곳은 악명 높은 날씨로 유명하지만, 그것을 감수하고 오를 만큼 매력적인 곳이 아닐 수가 없다.

아저씨의 말대로 유난히 날이 좋았다. 산을 오르는 내내 다른 세계에 와 있는 듯했다. 금방이라도 요정이 나올 것 같은 울창한 숲 속이었다가 동물들이 뛰어다닐 것 같은 드넓은 초원이 펼쳐졌다. 한걸음 내디딜 때마다 색다른 풍경이 펼쳐졌다. 겨울이었다가 봄이었다가 여름이었다 계절이 뒤죽박죽 뒤섞이기를 반복했다. 남미의

나는 여행을 사랑하지 않는다

"You're So lucky girl!"

풍경은 매번 같은 듯 다르다. 그것이 이곳의 매력이기도 하다.

장작 세 시간 반 동안 겉옷을 벗었다 입기를 여러 차례 반복하고 나서야 중턱에 있는 캠핑장에 도착했다. 이미 지칠 대로 지쳐 있었지만, 누구 하나 귀찮은 기색 없이 저녁 준비를 하며 음식을 나눴다. 지글지글 고기 굽는 냄새, 페트병으로 급하게 만든 와인잔. 그리고 따뜻했던 라면 국물. 그곳에 모인 모두는 약속이라도 한 듯 함께 식사했다.

이곳은 문명의 시간을 거스른다. 자연의 시간을 따른다. 이제 겨우 6시가 조금 넘어가고 있는 시간이었지만 해가 지니 주위에 어둠이 짙게 깔리기 시작했다. 해가 지니 급격히 떨어지는 체온에 옷매무새를 가다듬으며 서둘러 텐트 안으로 몸을 숨겼다. 낮과 밤의 온도 차가 자연의 섭리를 말해주는 듯했다. 말로만 듣던 산속의 혹한이었다. 잔뜩 껴입은 외투, 세 겹의 양말, 두 개의 침낭에도 소용없었다. 자는 내내 추위와 사투를 벌이며 뒤척이기를 몇 시간. 어느덧 시계는 새벽 4시를 가리키고 있었다.

많은 이들이 피츠로이에 오르는 이유는 일출을 보기 위해서이다. 걷힌 구름 사이로 얼굴을 내미는 봉우리의 풍경이 가히 장관이라고 할 수 있겠다. 물론 그 또한 산이 허락해주어야만 볼 수 있는 풍경이지만 말이다. 피츠로이는 유독 산 주변에 눈과 구름이 가득해 정상을 보기 힘들다. 오죽하면 연기를 뿜는 산이라고 불릴 정도니 그 이상 어떤 설명이 필요할까. 하지만 오늘만큼은 "lucky girl!!!"이라고 인사를 건네던 아저씨의 말을 믿어보기로 했다.

아직은 어둠으로 가득한 새벽, 끝없이 별 처진 별들과 어여쁜 초승달이 나를 반겼다. 잠시 헤드 랜턴을 끄고 하늘에 시선을 고정했다. 하늘의 오선지에 수놓아진 은하수 사이로 별똥별이 떨어졌다. 두 손을 모아 간절히 소원을 빌었다.

'제발 맑은 하늘을 보여주세요.'

모두의 걱정과 예측을 뒤엎을 만한 청량한 하늘이 보고 싶었다.

산 정상까지 올라가는 길은 듣던 대로 만만치 않았다. 생각보다 더 험난했다. 더군다나 어제부터 상태가 좋지 않던 다리까지 말썽이었다. 무거운 몸을 이끌고 한 시간가량 올랐을까. 구름 한 점 없는 하늘 아래 볼 수 없을 것만 같던 피츠로이가 모습을 드러냈다. 서서히 태양이 떠오르기 시작했고 봉우리가 붉게 물들어 갔다. 꿈인 듯 한동안 넋을 잃고 바라보았다.

추위에 오들오들 떨던 우리는 너나 할 것 없이 서로를 껴안았다. 앞으로 어떤 일이 있을지 예상하지 못한 채, 그렇게 서로의 체온을 나누며 태양을 마주했다. 물론 인생은 새옹지마라는 말이 있듯 전혀 예측 못 한 변수들을 다시금 던져줄 테지만 이 순간만큼은

현재의 감정에 충실 하는 것이 이 자연에 대한 예의였다.

해가 중천에 뜬 것을 보고 나서야 하산을 시작했다. 감격의 순
간도 잠시, 빡빡했던 일정 탓에 쉴 틈도 없이 이동 준비를 했다. 전
날 예약해둔 버스 시간을 맞추기 위해 서둘러 샤워를 하고 짐을 챙
겨 렌탈숍으로 향했다. 그러다 앞서가던 친구가 당황한 듯 걸음을
멈췄다.

"왜, 무슨 일인데!"

아니나 다를까 우리를 비웃기라도 하듯 가게의 문이 굳게 닫혀
있는 게 아닌가. 버스 시간까지 남은 시간은 겨우 한 시간 남짓. 장
비를 반납하고 맡겨둔 여권을 찾아 정류장으로 가기도 빠듯한 시
간이었다. 우리를 약 올리기도 하듯 핸드폰에선 2시를 알리는 알람
이 울렸다.

아르헨티나는 시에스타siesta라는 문화가 있다. 시에스타는 이른
오후에 낮잠을 자는 시간을 뜻하는데, 남미 한낮의 더위는 가히 상
상을 초월할 정도여서 대부분의 가게는 1~4시 사이에 문을 닫고
휴식을 취한다. 처음 시에스타라는 문화를 접했을 때는 모든 가게
가 문을 닫아 적잖이 당황했던 기억이 있다. 몇 번의 불편함을 겪
고 나서야 '꼭! 기억해둬야지' 하고 다짐했음에도 불구하고 그새
까먹고 말았다. 인간이 망각의 동물임을 증명하는 꼴이 됐다.

"그러게, 내가 장비 반납부터 먼저 하자고 했잖아…."

망연자실한 목소리로 친구가 말했다. 하지만 이미 일어난 일은 어쩔 수 없는 법. 침착하게 셋의 머리를 모아 대책을 마련해 보기로 했다. 하지만 머리가 여럿 모였다고 해서 기발한 묘수가 떠오를 리 없었다. 그러나 죽으란 법은 없는지 불행 중 다행으로 시에스타와 상관없이 영업하고 있던 근처 식당 하나를 발견했다. 곧장 안으로 들어가 상황 설명하고 전화 한 통을 부탁했다. 그러나 사람이 당황하면 가끔 멍청한 짓을 한다. 전화를 부탁했지만 방도가 없었다. 사장님의 번호를 알고 있는 사람도 없었으니….

좌절에 빠져 있던 찰나 우리를 유심히 보던 어느 한 손님이 도와주겠다며 나섰다. 곧이어 그곳에 있던 모두가 너나 할 것 없이 자기 일처럼 나서서 방법을 찾기 시작했다. 동네 주민 모두가 머리를 맞대고 토론 아닌 토론을 했다. 마치 영화에나 나올 법한 그림이 그려졌다고나 할까. 때로 인생은 영화보다 더 영화 같을 때가 있다.

시간이 흐를수록 뒤에 일정들도 꼬리에 꼬리를 물고 계속해서 꼬여갔다. 버스 시간을 변경하려 시도도 해봤지만 그마저도 안 된다는 답변만 돌아왔다. '이런 걸 두고 머피의 법칙이라고 하는 건가….' 점점 초조해졌다. 어찌할 바를 몰라 모두가 우왕좌왕하고 있을 때 다른 남자 한 분이 오셔서 잠시만 기다리라고 하고는 어디론가 뛰어갔다. 하지만 언제까지고 기다릴 수 없었다. 결국 돈이라도 아끼자는 마음에 버스 회사에 환불 요청전화를 하려는 순간, 조금 전 전에 뛰어갔던 아저씨가 손을 흔들며 달려오고 있는 게 아닌 가…! 그것도 렌탈숍 사장님과 함께 말이다. 그 순간 모두가 자신들의 일인 양 환호성을 질렀다. 그때가 버스 출발 시간까지 십 분 남짓한 상황이었다. 안도감과 함께 고마움에 눈물이 날 것 같았다. 귀중한 휴식 시간에 한 팀의 손님 때문에 쉬던 시간을 멈추고 다시 오는 게 쉽지 않았을 텐데 사장님은 오히려 자신이 설명이 부족했다며 미안하다고 사과했다. 기적처럼 여권을 받고 돌아가는 길, 그곳에 있던 모두에게 몇 번이고 고맙다고 인사했다. 우리의 인사에 되려 그들이 위로를 건넸다. 짧았지만 길었던 시간 40분. 마음이 전해지고도 충분히 남았던 시간.

이 작은 도시에는 하루에도 수십 명의 여행객들이 오간다. 우리는 그 많고 많은 여행객 중 그저 잠시 머물다 떠나는 일부에 지나지 않는다. 그럼에도 불구하고 한마음 한뜻으로 걱정을 해주고 도와준다는 건 어쩌면 그들의 때 묻지 않은 마음 때문이 아니었을까.

여행을 하면서 사람들의 순수한 친절에 놀랄 때가 많다. 그들의 친절은 늘 예상을 벗어난다. 내가 상상하고 기대했던 것 이상으로 품을 내어준다. 그럴 때면 나의 부탁에 언제나 진심으로 도와주는 게 조금은 이상하다고 생각했다. 그들은 늘 웃었고, 늘 여유로웠으며, 늘 열려 있었다. 그 모습은 마치 배타적이기만 했던 나를 나무라는 듯했다. 낯선 땅의 낯선 이방인. 아마도 나만 나를 이방인으로 생각하고 있었나 보다.

　내가 여행을 사랑하는 이유는, 여행이 주는 예측 불가능성에 있
다. 예상하지 못했던 상황 속에서 만나는 예상치 못했던 따스함.
그 안에서 나는 끊임없이 냉탕과 온탕을 오간다. 그리고 그렇게 뜨
겁게 타오르고 식기를 반복하며 눈앞에 삶을 기꺼이 만끽하는 법
을 배운다.

　찬란한 태양 아래 품을 내어주던 피츠로이를, 따뜻한 손길로 안
아주던 할머니 한 분의 품을 오래도록 기억하고 싶다. 저 멀리 오
는 버스를 향해 미친 듯이 달려갔다. 그리고 다시 한 번 두 팔 벌려
힘껏 마지막 인사를 건냈다.

　"I'm So lucky girl! Muchas Gracia!"

하늘을 날다

스카이다이빙.

인생 버킷 리스트 중의 하나였다. 15살 무렵이었던가 처음으로 번지점프를 하고 그 느낌을 잊을 수가 없어 언젠가는 꼭 하늘을 날아보겠노라 다짐했다. 그런 꿈을 가득 안은 채 부에노스아이레스 Buenos Aires에 도착했다. 여행 막바지, 부족한 자금에도 불구하고 현금을 탈탈 털어 스카이다이빙을 예약했다. 빠듯해진 예산이 걱정이었지만 '조금 덜 먹지 뭐!' 하고 금세 걱정을 덜어냈다. 여행자의 신분일 때는 의식주보다 경험에 더 많은 투자를 하자가 나의 원칙 중 하나였다.

미팅 장소에서 비행장까지 약 한 시간 반. SKY DIVE라고 적인 작은 비행장을 보고 나서야 "드디어 한다!" 하고 소리를 질렀다.

첫 번째로 뛴 친구가 저 멀리서 연신 "Great!"를 외치며 잔뜩 상기된 얼굴을 한 채 걸어왔다. 너도나도 어땠냐며 질문하기 바쁘다. 친구의 후기를 듣고 있으니 그제야 스카이다이빙장에 와 있는지를 실감했다. 내 이름이 불리는 순간. 쿵쾅. 쿵쾅. 버튼이라도 눌린 것처럼 심장이 미친 듯이 뛰기 시작했다. 머리와는 다르게 잔뜩 힘이 들어간 어깨를 크론 아저씨가 톡톡 두어 번 토닥였다.

"Don't Worry!"

크론 아저씨의 외침에 정신이 번쩍 들었다. 나도 모르게 긴장하고 있었나 보다.

비행기를 타고 15분 정도 올라갔다. 고도 약 3,000피트. 드넓은 육지가 눈앞에 펼쳐졌고, 나는 하늘 위였다. 어른 4명이 겨우 들어갈 수 있는 작은 이 비행기가 마지막 안식처라는 사실에 헛웃음이 새어 나왔다. 하늘로 조금 더 올라갔다. 높아진 대기에 추운 공기가 느껴졌다. 곧이어 비행기 문이 열렸고 거센 바람이 비행기 안으로 순식간에 빨려 들어왔다. 인사할 틈도 없이 앞 팀이 눈앞에서 사라졌다. 오 마이 갓. 나도 모르게 소리를 질렀다.

마음을 진정시킬 틈도 없이 내 차례가 왔다. 두 손을 가슴에 모르고 몸을 뒤로 한껏 기댄 채 심호흡을 하고 있던 찰나, 이게 무슨 일이람. '하나 둘 셋!'도 아닌 '하나!'에 뛰어내렸다. 그것은 정말 엄청난 찰나였다. 처음 1~2초간은 정신을 차릴 수 없었다.

"윽-!!!"

외마디 비명과 함께 정신을 차리고 떨어지는 속도에 적응했다. 그다음은, 그렇게도 꿈꾸는 하늘을 즐기는 일만이 남았다. '자유낙하' 말 그대로 자유를 만끽했다. 왜 종종 사람들이 환생하면 하늘을 나는 새로 다시 태어나고 싶다고 하는지 조금은 이해가 되는 것 같았다. 간질거리는 심장, 온몸으로 느껴지는 중력의 저항, 저 멀리 끝없이 펼쳐진 대지. 그리고 무언가로부터의 해방. 공포와 희열 그 사이 어딘가에서 아찔함을 넘어선 무언가가 온몸을 감쌌다.

오늘의 복잡한 생각을 모두 던져버리기라도 하듯 두 팔을 힘껏

벌렸다. 떨어지는 순간이 왜 이렇게 짧게만 느껴지던지. 촤르륵 소
리와 함께 낙하산이 펼쳐졌다. 땅에 발이 닿자마자 나도 모르게 너
털웃음이 났다. 크론이 괜찮냐 물었다.

"Muy Bien!!!"

엄지손가락을 척 올려 보였다.

진정되지 않은 심장을 부여잡으며 계속 웃었다.

쿵쾅. 쿵쾅. 또 하나의 버킷 리스트를 해냈다.

한 번 더. 그래, 한 번 더,

나의 생에 겁 없이 뛰어들어도 괜찮을 것만 같았다.

chapter 6

열렬히 애정하는

한 편의 영화 같은

스페인: 그라나다

　나는 대도시보다는 소도시 여행을 선호하는 편이다. 언제부터인가 소도시가 주는 안락함이 좋았다. 작년이었던가 〈알람브라궁전의 추억〉이라는 드라마를 보고 '저렇게 매력적인 곳은 도대체 어디지?'라고 생각했던 적이 있다. 드라마 속에 나왔던 그곳에 지금 내가 있다.

　그라나다Granada, 현재와 중세, 아랍과 유럽이 공존하는 스페인의 작은 소도시.

　그라나다는 생각보다 훨씬 더 사랑스러운 도시다. 작고 언덕이 많은 이 도시가 왜 그렇게 느껴졌는지는 모르겠다. 어쩌면 이곳과의 만남이 짧아서

가 아닐까 하고 생각했다.

　　그라나다의 또 다른 매력은 바로 타파스(Tapas: 타파스는 스페인의
에피타이저를 일컫는 말이다. 식사 전 술과 간단히 곁들여 먹는 소량의 음식을 말
한다.)다. 어느 가게를 가던지 음료를 시키면 타파스가 무료로 제공
된다. 아기자기한 건물들 사이에 숨어 있는 타파스 맛집을 찾아다
니는 것도 그라나다 여행의 묘미 중 하나다. 해가 질 때쯤 식당에
가서 낮술 한 잔에 타파스를 먹고 나올 때면 어두워진 밤거리 사이
로 아름다운 조명이 켜진다.

나는 가끔 인생이 영화나 드라마와 같았으면 좋겠다는 생각을 한다. 누구나 꿈꿀 법한 로맨스나 기적 혹은 행운 같은 것들이 연속적으로 일어나는 그런 현실감 떨어지는 삶 말이다.

내 생의 순간 중에도 영화 같은 날들이 있지 않았을까 하는 기대감을 가지고 기억의 세계에서 아주 잠시 되감기 버튼을 눌렀다. 돌이켜보니 소소했던 순간의 기억들을 인사를 해왔다. 기적 같은 타이밍으로 놓칠 뻔했던 기차를 탔다던가, 운이 좋게 새똥을 피했다던가, 혹은 며칠 전 헤어졌던 친구를 다른 도시에서 우연히 마주치거나 오래전 보았던 드라마 장면이 눈앞에 오버랩 되며 누군가와 불타는 사랑을 하는, 그런 영화 같은 우연들이 나에게도 존재했다. 팍팍하기만 하고 운이라곤 없을 것 같았던 삶에도 드라마는 언제나 존재했다. 어쩌면 너무나도 익숙해진 여행에 그런 순간들을 발견하려 하지 않던 것은 아닐까.

어디선가 누군가의 목소리가 들려왔다.
" ¡ Qué hermoso !"(너무 아름다워!)
뉘엿뉘엿 지는지는 노을이 참으로 예쁜 날이었다. 나의 생도 그렇게 어여쁘길 바라는 마음으로 메아리처럼 울리는 그의 말을 따라 읊조렸다.

언제부터인가 감동적인 장면을 마주할 때면 눈물이 났다. 갑자기 눈물을 흘리는 나를 보던 동생은 주책이라며 고개를 저었다. 선글라스를 챙겨 썼다. 그리고는 틴 토 데 베레노(Tinto de Verano: '여름에 즐기는 와인'이라는 뜻으로 와인과 레몬맛이 나는 탄산음료를 섞은 스페인식 음료) 한 잔을 마시며 웃었다.

입안 가득 상큼함이 퍼졌다.

이토록 드라마틱한 생이 또 있을까 싶었다.

내 안의 평화

일본: 교토

　그렇게 여행을 다니면서도 그 흔한 오사카와 교토는 처음이었다. 바쁜 와중에 잡힌 일정이라 준비할 시간도 없이 도착한 일본. 첫날부터 순탄치 않았다. 급행열차의 갑작스러운 사고로 운행이 중단되면서 신 오사카 역에 낙동강 오리알 신세가 되었다. 아무래도 여행 중 기차와의 인연은 없는 것 같다고 생각했다. 짜증이 날 법한 상황인데도 그러려니 했다. 북적이는 기차역만큼 재미있는 곳도 없다. 사람 구경, 세상 구경, 자세히 들여다봐야 보이는 그들만의 삶의 방식을 발견하는 소소한 재미가 있다.

　나는 여행 중 자주 공원 벤치에 앉아 시간을 보내곤 한다. 맥주와 샌드위치 하나를 사 들고 한 시간이고 두 시간이고 지나가는 사람들을 구경한다. 매 여행지에서 꼭 빼놓지 않고 하는 루틴 중 하

나이기도 했다. 이것은 순간을 영원 속에 붙잡아 두고 싶은 열망이
담긴 일종의 의식과 같은 행위이다.

　이미 어둠이 내려앉은 도시, 익숙하지 않은 일본어로 한 시간을
헤맨 끝에 겨우 교토행 표를 끊고, 두어 번의 환승을 하고 나서야
출발 호텔에 도착했다. 한국을 떠나온 지 8시간 만이었다.

　숱한 여행을 다니면서 가장 많이 바뀐 두 가지가 있다. 첫 번째
로 여유가 생겼다는 것. 아무리 완벽하게 계획을 해도 언제나 예상
치 못한 상황은 벌어진다. 마치 오늘처럼. 그럴 땐 그냥 앉아서 같
은 공간에 있는 사람들을 바라보며 상황이 나아지길 기다린다. 그
렇게 시간을 보내다 보면 신기하게도 새로운 방법들이 생겨난다.
두 번째로는 모든 상황에서 나름의 행복을 찾기 시작했다는 것이
다. 정신없는 기차에서 꿀 같은 20분의 쪽잠. 지나가던 어린아이의
환한 인사. 늦은 시간 도착해서 미리 준비된 이불 깔린 다다미방.
한적한 호텔 라운지에서 마시는 샹그리아 한 잔. 미처 알아채지 못
했던 소소한 행복의 의미를 발견한다. 삶은 생각보다 복잡하지도
어렵지도 않다는 것을 온 몸으로 경험한다.

　이곳은 아직 낙엽이 채 떨어지지 않았다. 꽃잎과 낙엽이 한 데
뒤섞여 바람에 흩날려 하나둘 떨어진다. 교토 특유의 고즈넉함이
내 안의 고요를 불러온다. 어느새 나는 평화를 찾아내는 방법을 터

득해가고 있었다.

오사카에서 교토로, 선생님께서 편지 한 통을 보내오셨다.
'하고 싶은 갈망이 많아 어디로 가야 할지 알 수 없는 시간 속을 걷고 있는 그대. 욕망과 욕구가 회오리 칠 때면, 오늘 아침의 호수를 바라보듯 내면이 잠잠해지기를 기다리거라. 덜 익은 청춘이 아름답게 여물어 빛을 발할 수 있도록. 그리하여 남을 대할 때 자신을 대하듯 어여쁘게 대할 수 있기를.'
늘 찾아 헤맸던 평화는 어쩌면 이미 내 안에 있던 건 아닐까. 그러니 이제라도 끝없는 갈망과 동경과 선망이 나를 어디로 끌고 가는지 알 수 없을 때, 고요히 머무는 내 안의 평화를 붙잡아야지.
편지지 위로 꽃잎 같은 눈물이 한 방울 두 방울 떨어졌다.

소나기쯤이야

영국: 런던

들던 대로 런던은 소나기가 잦다. 벌써 세 번째 비가 내렸다 그
치기를 반복했다. 첫날에는 습관처럼 비가 내릴 때마다 우산을 펼
쳤다.

다행히 오늘은 비 소식이 없어 과감히 우산을 캐리어 깊숙이 집
어넣었다. 하지만 여기가 어디인가. 날씨가 변덕스럽기로 유명한
런던이 아니었던가. 아니나 다를까 이내 먹구름이 몰려오더니 비
가 내리기 시작했다. 동생은 볼 위로 한두 방울씩 떨어지는 빗방울
을 닦아내며 "이제 이 정도는 멋있게 맞을 수 있는 정도야." 하고
말했다. 그의 말에 피식하고 웃음이 나왔다.

동생과 여행을 계획했을 때 이유는 달랐지만 한마음 한뜻으로
가고 싶어 했던 도시가 영국 런던이었다. 나에게 영국은 첫사랑 같

다. 첫사랑의 기억은 쉽게 왜곡되고 미화되지만 그럼에도 불구하고 첫사랑이라는 이유 하나만으로도 모든 것이 용서된다.

무엇보다 나는 런던의 새빨간 이층 버스가 좋았다. 첫눈에 반하기라도 하듯. 회색 도시에서 유일하게 색을 뿜어내는 것 같았다고 할까.

아주 잠시 왔다가 사라지는, 그 어떤 사랑보다 강렬한 소나기 같은 첫사랑.

나에게 런던은 그랬다.

멈출 기미가 없어 보이는 빗줄기에 눈앞에 보이는 상점으로 서둘러 몸을 피했다. 덕분에 오늘의 일정이 계획대로 되지 않을 것 같은 예감이다. 이대로 있다간 해가 저물어 그대로 숙소로 돌아갈 것이 뻔했다. 창밖을 하염없이 바라보다가 동생에게 말했다.

"그냥 비 맞을래? 이 정도는 괜찮다며."

약간의 침묵 끝에 동생이 답했다.

"… 그래, 그냥 가지 뭐."

우린 사람들 속에 섞여 들어갔다.

"괜찮지?"

"응, 괜찮아."

사실 한 배에서 태어나고 자랐지만, 우리 남매는 몹시 다르다. 여행 스타일에서부터 확연히 드러난다. 나는 힘들면 쉬어야 하고, 가고 싶을 때 가야 한다. 하지만 동생은 힘들어도 가기로 한 곳이 있으면 가야 한다. 예측 못한 상황에 대처하는 방식도 달랐다. 물론 그 덕에 동생과의 여행은 늘 재미있는 기억으로 남아 있지만 말이다.

머리에 맺힌 물기를 두어 번 털어내고 박물관으로 들어섰다. 이번 런던 여행에서는 유독 미술관과 박물관을 많이 다녔다. 정반대의 우리지만 둘 다 새로운 세계에 대한 호기심이 있었던 모양이다. 입구에 들어서는 순간부터 우린 각자의 방식으로 시간을 담는다. 동생은 도착하자마자 지도와 책자를 펼치고 하나씩 차분히 읽어

내려간다. 어느 정도 파악이 끝난 후에야 관람을 시작한다. 머리로 이해되는 작품의 가치에 중점을 둔다. 나는 발길이 닿은 곳으로 향한다. 그러다 나의 눈과 귀를 사로잡는 작품이 생기면 그제야 책자를 펼쳐 찾아본다. 가슴으로 느껴지는 작품에 대해 조금 더 가치를 둔다.

한참을 고요히 작품을 감상하다가 동생에게 말을 건넸다.

"이거 너무 멋있지 않아?"

"그렇네."

무미건조하다 못해 딱딱하다. 감정을 밖으로 표현하는 나와는 달라 동생은 신기하리만치 차분하다. '어떻게 이런 걸 보고 놀라지 않을 수 있지?' 하고 속으로 생각했다. 표정을 읽을 수 없다. 좋은 건지 싫은 건지, 맛이 있는 건지 맛이 없는 건지. 그래서 동생과의 여행에서 나는 늘 질문이 많아진다. "어땠어?" "뭐가 제일 좋았어?"

방법이 다르다 보니 세상을 해석하고 느끼는 속도도 다를 수밖에 없다. 가끔은 동생의 속도가 답답하게 느껴질 때가 있었다. 그러다가도 나의 속도에서는 발견하지 못했던 것들을 보고 있는 동생을 보며 기다리고 인정하는 법을 배우기도 한다. 언제였던가 처음 함께 여행을 떠났을 때 야경을 보기 위해 산에 올랐던 적이 있다. 동생은 군말 없이 산을 올랐다. 온종일 고된 일정으로 다음에 다시 오자는 나를 두고 산 정상을 향해 앞만 보고 갔다. 결국 어두운 저녁에 홀로 남겨있기 무서웠던 나는 어쩔 수 없이 따라 올랐다. 정상에 도착해 화려한 야경을 보고 나서야 동생이 말했다.

"오길 잘했지?"

"응. 예쁘긴 하네."

"거봐. 내일은 날씨 안 좋대. 그리고 내일은 다른 곳 가야 해서 못 와. 오늘 아니면 못 보는 거야."

그의 말에 이상하게 웃음이 났다.

지금 생각해보면 기억을 더 아름답게. 순간을 완벽한 순간으로, 조금 더 후회 없이 남기는 동생만의 방식이었을지도 모르겠다.

두 시간 남짓 박물관 감상을 끝내고 밖으로 나오니 비가 갠 맑은 하늘이 우릴 반겼다.

"배고프니까 밥 먹자."

"그래, 오늘은 아무 데나 가도 괜찮을 듯."

"웬일이래."

첫날 "이렇게 많은 서양인 사이에 있는 게 태어나 처음이야." 하고 경직된 얼굴로 말하던 동생의 얼굴에서 제법 편안함이 묻어난다. 예상치 못한 상황들에 조금은 익숙해진 모양이다. 그래, 뭐든 괜찮았다. 조금씩 이곳의 냄새, 공기, 날씨, 모든 것을 온몸으로 겪어내는 연습을 하고 있으니.

그렇게 우린 각자 의외의 공간과 상황 속에서 한 템포씩 쉬어
간다.

누군가에게 열정보다는 차분함으로 채워진 여행일 테고,
누군가에게는 차분함보다는 유쾌함으로 채워진 여행일 터.

사람들이 생각하는 중요함의 기준은 천차만별이다. 그것은 세
상을 대하는 저마다의 방식이기도 하다. 인생은 결국 내가 좋아하
는 느낌을 따라 살아가는 것일 테니 말이다. 하지만 한 번쯤은 다
른 방식으로 세상을 바라보는 것도 괜찮을 것 같다고 생각해본다.

새빨간 버스에 올라탔다.

툭툭. 동생의 어깨를 치며 오늘도 나는 묻는다.

"오늘의 여행은 어땠어?"

그리고 동생이 묻는다.

"내일은 뭐 할 거야?"

내일? 내일은….

버스가 덜컹. 그 움직임에 몸을 맡겨본다.

"그냥, 발길이 닿는 대로 가는 거지."

"그래, 그것도 나쁘지 않겠어."

다시 비가 내린다. 괜찮다. 곧 그칠 비일 테니.

그러니 소나기야 얼마든지 맞아도 괜찮다.

"내일은 뭐 할 거야?"
"그냥, 발길이 닿는 대로 가는 거지."
"그래, 그것도 나쁘지 않겠어."

마음의 요새

3시간을 날아서 마드리드 도착했다. 영국의 날씨와는 사뭇 다른 맑은 하늘이 인사를 건넨다. 내리쬐는 햇살 때문에 이마에 땀이 송골송골 맺혔다. 여름의 유럽. '그래 내가 바로 상상하던 날씨가 바로 이거야!' 숙소에 도착하자마자 겹겹이 입고 있던 셔츠를 벗어 던지고 옷부터 갈아입었다. 짧은 옷들이 빛을 발휘할 때가 되었다며 계절에 맞는 옷을 하나 둘 걸친다.

"날씨 합격! 첫 느낌 합격!"이라고 외치는 동생의 얼굴에 옅은 미소가 번졌다. 사실은 좋아하는 축구팀이 있는 나라에 와서 기분이 들뜬 걸지도 모르겠다. 거리에 있는 온갖 축구 유니폼이 걸쳐 있는 가게에는 다 들어가볼 기세였으니까. 아무럼 어떠할까. 지금의 컨디션이라면 얼마든지 따라 들어가줄 수 있었다.

하지만 오늘만큼은 잠시 흥분을 가라앉히고 복잡한 도시를 벗어나 중세 느낌 가득한 스페인의 또 다른 도시 톨레도^{Toledo}로 떠나 보기로 했다. 마드리드 근교에 위치한 톨레도는 1,500년이 넘는 역사를 가진 곳으로 도시 전체가 세계문화유산으로 등록되어 있는 곳이다. 그 이름에 걸맞게 도착하는 순간 시공간을 초월해 과거로 온 듯한 느낌을 받았다. 몇백 년 동안 문명의 영향을 덜 받은 탓인지 그곳의 시간은 멈춰 있었다.

옛 이름인 톨레툼은 로마어로 '참고 견디며 항복하지 않는다'라는 뜻에서 유래가 되었다고 한다. 이름처럼 도시 곳곳에는 큰 강을 중심으로 견고하게 자리 잡고 있는 성들이 눈에 띄었다. 이곳은 흡사 어떤 적의 침략에도 무너지지 않을 것 같은 무적의 요새와 같았다. 길고 긴 역사 속에서 치열하게 삶을 이어갔을 사람들로 가득했던 의미 깊은 도시이기도 하다.

버스에 내려 크고 작은 강과 다리를 지나 입구에 도착하니 광장에는 사람들로 가득했다.

"오늘 무슨 날인가요?"

"오늘 축제가 있는 날이에요! 좋은날 여행을 왔네요."

성체 성혈 대축일^{라틴어: Sollemnitas Ss.mi Corporis et Sanguinis Christi}은 스페인에서는 중요한 휴일 중에 하나로 십자가에 돌아가신 예수님의 사랑을 기억하는 날이라고 한다. 동네 사람들은 물론 다른 도시

에 있는 사람들까지 오늘의 축제를 보기 위해 이곳에 온다고 한다.
거리에는 축일을 기념하는 형형색색 천들이 색을 잃은 도시에 화
려함으로 생기를 불어넣는다. 말을 탄 기사들이 행진을 시작했다.
곧이어 도착한 성당에서는 모두의 기대를 한 몸에 받는 미사가 진
행된다. 일련의 과정들을 지켜보고 있노라니 성당을 다니는 건 아
니지만 왜인지 모르게 두 손을 모아 기도를 드려야 할 것만 같았
다. 누군가를 기린다는 것은 생각보다 훨씬 더 성스럽고 귀한 마음
일지도 모른다. 그 안에는 기쁨과 감사 혹은 그 어떤 단어로도 표
현하기 어려운 충만이 함께한다. 수많은 군중의 마음이 하늘 어딘

가에 고이 잘 전달이 되었
으면 하고 짧게 기도를 올
렸다. 웅장한 찬송 소리가
성당을 가득 메웠다. 이곳
에 살았던, 그리고 살고 있
는 누군가의 염원과 바람이
도시 곳곳을 물들인다.

　간단히 축제를 즐기고 차 한 대 다니지 않는 도로를 걷고 또 걸
었다. 유난히 뜨거운 태양과 뭉게구름 가득한 하늘을 만끽하며 걷
다 보니 미라도르 전망대에 도착했다. 도착하자마자 중세 영화에
나 나올 법한 풍경이 펼쳐졌다. 화려한 도시와는 조금 다른, 빛바
랜 건물들이 이 도시의 세월을 말해주는 듯했다. 여행은 때때로 타
임머신과 같은 역할을 한다. 머물러 있는 시간의 궤적을 따라 역사
속의 한 장면으로 나를 초대한다. 그렇게 우리는 또 다른 세계와
아주 잠시나마 사랑에 빠진다. 그 순간이 참으로 매력적이다. 눈앞
에 펼쳐진 풍경을 보며 속으로 기도했다. 지금의 이순간을 가능하
면 오래도록 기억하게 해달라고.
　'댕, 댕~' 시간 여행을 마치고 돌아갈 때를 알려주기라도 하듯
묵직한 종소리가 저멀리 성당에서부터 들려왔다. 짧았던 축제를
뒤로 한 채 다시 마드리드행 버스에 몸을 실었다. 어느덧 시계는

저녁 6시를 가리키고 있었다.

한 시간을 거쳐 마드리드에 도착했다. 역시나 도시의 밤은 길고 화려하다. 그 덕에 왜인지 하루를 두 번 사는 것 같은 기분이 들게 한다. 오늘도 저녁 10시가 다 되어서야 해가 졌다. 이 밤을 그냥 지나치기 아쉬워 밖으로 향했다. 뜨거운 한낮의 태양을 피해 다들 어디에 숨어있다 나오는 건지, 선선해진 마드리드의 밤은 유독 활기가 넘친다. 별로 특별할 것 같은 평범한 도시에 시원한 바람과 잔잔히 울리는 클래식 기타 연주가 분위기를 더했다.

첫 시작이 좋다. 이유는 알 수 없지만 마음에 아주아주 크고 단단한 요새가 생긴 기분이었다. 마치 오늘 보았던 톨레도의 성들처럼.

뉘엿뉘엿 지는 해를 길잡이 삼아 솔 광장 한편에 자리 잡고 있는 곰 동상으로 향했다.

"그거 알아? 곰의 뒤꿈치를 만지면서 소원을 빌면 이루어진대."

까치발을 한 채로 두 손을 모아 곰 뒤꿈치에 살포시 올려놓았다.

"뭘 그렇게 오랫동안 빌었어?"

"우리의 여행이 무사하길 빌었어. 그리고 여행에 마음이 다치질 않기를 기도했지."

하루를 꼬박 보내고서야 인사를 건네본다.

"Hola! Spain."

첫 시작이 좋다. 이유는 알 수 없지만
마음에 아주아주 크고 단단한 요새가 생긴 기분이었다.

예술의 정의

프랑스: 파리

이번 파리 여행에서는 최대한 많은 미술관과 박물관을 가는 게 목적이었다. 예술가들의 숨결이 살아 숨 쉬는 이곳에서 점점 비어져가는 영감inspiration 상자를 가득 채워볼 생각이었다.

미술관으로 가기 전 한 손에는 치즈가 가득 들어간 파니니와 다른 한 손에는 맥주를 들고 에펠탑이 보이는 공원 벤치로 향했다. '오늘은 누구의 삶을 엿볼 수 있을까'라는 기대감으로 이리저리 미술관 리스트를 살펴본다. 괜스레 나도 예술가가 된 것만 같은 기분으로 파리의 낭만을 만끽한다. 물감과 캔버스는 없지만 글로라도 지금의 설렘을 표현하고 싶어 핸드폰을 꺼내어 들고 떠오르는 단어들을 무작정 적어내려갔다.

환희, 기쁨, 비, 자유, 상상, 천국, 각진 세상, 영혼

거울, 낭만, 벤치, 잔디, 흉터, 차가움, 즉흥, 열정, 그리고….

한참을 써 내려가다 손등 위로 빗방울 하나가 떨어졌다. 흐린 날의 파리. 머무는 내내 단 하루로 맑은 날이 없었지만 이마저도 운치 있게 느껴진다면 그것은 무언가에 씌어도 단단히 씐 게 분명했다. '창작은 고통의 순간에 더 빛을 발한다.'는 얼토당토 않는 말을 끼워 맞춰본다.

누군가 삶을 그림으로 표현하라고 한다면 나는 주저하지 않고 추상화를 택할 것이다. 온갖 곡선과 직선, 강렬한 색채가 가득한 그런 추상화 말이다. 추상화는 그리는 주체가 주인공이 된다. 내 영혼의 해석, 감각의 표현, 보는 이에 따라 달라지는 의미. 그것은 마치 우리의 삶과 닮아 있다고 생각했다.

　나는 그 어떤 것에도 구애받고 싶지 않았으며, 형용할 수 없는 내적 울림과 자유분방함, 그 속에서 탄생하는 모든 것을 포착해 한 폭의 캔버스에 쏟아내고 싶었다. 뜨겁고 열정적이게. 하지만 섬세하게. 그냥 그렇게 살고 싶었다. 누군가는 이것을 불안이라 칭하기도 했지만 상관없었다. 완벽하진 않아도 온전하고 싶었다. 온전히 나답게.

　이곳 파리의 미술관에서 만난 많은 예술가들의 그림은 단번에 나의 마음을 울렸다. 각자의 방식으로 자신들의 삶을 그려낸다. 작은 원 안에, 길고 긴 선 끝에, 각진 네모 안에 필요한 것과 불필요한 것들을 적당히 그리고 적절히 섞어 저마다의 역할을 부여한다. 얼마만큼 덜어내고 담아내어야 예술성이 있는 것인가. 그것은 붓을 들고 그리는 이가 정하기 나름이다. 손짓 하나에 영혼을 담아 그려내는 것 그뿐이다.

'아~ 이것이 바로 예술이로구나.'

삶은 생각보다 복잡하지 않다. 복잡한 이유는 너무나도 많은 것들을 담아내려 하기 때문이다.

자유, 그저 자유롭게 그리면 된다.

"예술에서 반드시 해야 하는 것은 없다. 예술은 자유니까."

_ 바실리 칸딘스키

이름에게

브라질: 상파울루

　남미여행의 마지막 여행지는 브라질 상파울루다. 출발 전부터 비가 내리더니 도착하는 순간까지 먹구름이 줄곧 따라 다녔다. 버스 안을 가득 채운 습한 기운을 에어컨 바람으로 덮었다. 약간의 한기가 도는 듯한 공기에 겉옷을 잔뜩 여민 채 잠이 들었다.

　'번쩍. 우르르 쾅쾅!' 천둥소리에 잠에서 깨었다. 먹구름 가득한 상파울루는 지금까지의 도시와는 사뭇 느낌이 달랐다. 날씨가 내 마음을 따라가는 듯했다. 또다시 거센 소낙비가 내렸다. 거리의 사람들은 우산 없이 걸었다. 비가 곧 그칠 거라는 것을 예감이라도 하듯.

　우산도 없이 배낭을 짊어지고 숙소로 향했다. 피부로 느껴지는 찬바람에 잔뜩 몸을 웅크렸다. 한 방울 두 방울 톡톡 떨어지는 빗방울이 도심의 냄새와 뒤섞였다. 여행의 마무리. 아직은 추억이라 칭하기 힘든 시간에 아쉬움을 뒤로한 채 내리는 빗속을 걷고 또 걸었다. 비가 계속 내려 비행기가 뜨지 않았으면 하고 바랐다.

마지막 목적지라 그런지 도시의 모든 풍경이 아쉽게만 느껴졌다. 이틀이라는 짧은 시간, 이곳에서 나는 지난 몇 달간의 여행을 정리해볼까 한다. 숙소에 도착해서 가장 먼저 노트를 꺼내어 떠오르는 이름들을 무작정 적어 내려가기 시작했다. 그리고 오랜만에 한식당을 찾았다. 곧 있으면 얼마든지 먹을 수 있는 된장찌개였지만 이상하게 이곳에서 먹어야 할 것만 같았다. 팍팍해진 서울 도시에서 당연하듯 먹는 그런 된장찌개 말고, 누군가의 정을 가장 많이 느낄 수 있는 그런 된장찌개. 이 마음을 돌아가서도 잊고 싶지 않아 이곳을 찾았다.

김이 모락모락 나는 쌀밥을 수저 한가득 퍼 국에 말았다.

그리곤 노트를 다시 꺼내어 조금 전 적다만 이름들을 적어 내려가기 시작했다.

길고 긴 여정 속에서 스치는 수많은 인연들이 어떤 기억으로 새겨질지, 그것은 미리 예측한다고 알 수 있는 것이 아니다. 삶이라는 게 그렇다. 그 속에서 만들어지는 다양한 관계들은 삶에 또 다른 역동을 부여한다. 그래서 아주 작은 인연 하나하나가 소중하게 느껴지는 걸지도 모르겠다.

돌이켜보면 나는 늘 나의 것을 챙기기 바빴다. 무너지지 않기 위해, 무시당하지 않기 위해 무던히도 애쓰며 살았다. 함께 나누기 보다는 어떻게 하면 남들보다 더 많은 것을 얻을 수 있을까, 혹은 타인으로부터 상처받지 않을까 고민했다. 매번 가시를 세우고 누군가의 가시에 찔리지 않기 위해 노력했다. 혼자만의 시간에 외로 워하다가도 사람의 익숙함이 지쳐 지겨워하기를 반복했다. 그렇게 도 복잡하고 이기적인 인간이었다. 여행은 그런 마음에 봄바람이 불어오듯 조금의 공간을 만들었다. 결국 인간은 끊임없이 누군가 와 함께 상호작용하며 살아야 하는 존재일 테니 말이다.

마음의 공간은, 아주 작은 것들이지만 먼저 나누게 했고, 먼저 웃게 만들었다. 누군가의 시간 속에 좋은 추억으로 기억된다는 것 은 되려 나에게 더 좋은 기억을 많이 남기는 방법이라는 것을 이제 야 조금은 알 것만 같았다. 그래서 나도 누군가에게 좋은 기억으로 남고 싶어졌다.

이름들. 누군가의 이름을 기억한다는 건 함께한 시간을 마음 속에 새기는 과정이 아닐까. 함께 웃고 공유하며 우리는 진정으로 '함께'일 수 있었다. 비로소 같아짐을 느꼈다. 나의 부족함과 나의 나약함과 나의 빈틈을 채워 준 건 다름 아닌 그들이었다. 혼자서 뭐든 잘 해낼 수 있을 것 같았던 오만으로 무너져 내릴 때 나를 일 으켜 세운 건 그들의 미소였고 여유였다.

희미해져가는 기억을 붙잡아가며 적고 또 적었다.

기수, 재민, 가령, 하늘, 하라, 속은, 진주, 자연 세르게이, 오아르, 진영, 동후, 은혜, 상현, 선희, 현주, 지혜, 차차, 은별, 한민, 다현, 지현, 이사벨라, 나은, 태순, 준희, 진수, 중휘, 아마우리, 정원, 준혁, 태훈, 규진, 관희, 종원, 운영, 파비안, 세리, 마르셀리, 조나단, 제이슨, 기든, 모아, 숀, 승현, 수진, 혜진, 인희, 모르간, 규민.

그리고 꽃잎 마냥 흩날리던 나의 순간에 새겨진 모든 이름.

이들의 이름을 한 자 한 자 적고 나니 나의 여행은 그들에게서 전염된 행복으로 매순간 기쁨이 넘쳐나는 날들이었음을 깨달았다.

서서히, 아주 조금씩, 더디지만 풍성하게,

힘들고 지치던 순간에 서로를 위로하고, 마음을 나누며,

그들을 통해 받은 만큼 나눌 줄 아는, 그럼 사람이 되어가고 있었다.

함께. 그래. 그렇게 함께.

chapter 7

마지막 이야기

일상의 메타포

칠레: 발파라이소

서걱. 서걱. 종이 위를 스치는 연필 소리가 방안을 가득 채운다. 그의 숨결처럼 방안 곳곳을 채운 연필의 서걱거림은 창문을 넘어 바람으로, 바다로, 파도로 변했다. 그리곤 부드러운 미풍이 되어 나의 두 뺨 위에 살포시 앉았다.

칠레 산티아고에서 버스로 한 시간 반. 손때 묻은 벽화와 비릿한 바다 내음이 가득한 이곳은 시인 파블로 네루다(칠레의 민중 시인이자 저항 시인이며 노벨문 학상을 수상하기도 했다.)가 사랑했던 도시 '발파라이소Valparaiso'다. 네루다가 복잡한 산티아고의 생활에서 벗어나 작품 활동에만 매진하기 위해 선택한 곳답게 도시의 복잡함과는 사뭇 다른 분위기를 풍긴다. 오늘은 네루다의 집 '라 세 바스티아나La Sebastiana'에 가기로 했다. 그는 조용히 글쓰기에 적합하면서

너무 크지도 작지도 않은, 그리고 너무 높지도 낮지도 않은 집, 외곽에 있지만 항상 이웃과 교감할 수 있으며, 모든 것과 멀리 떨어져 있지만 교통이 좋은 집을 원했다고 한다.(그의 디테일한 요구사항에서 평소 성격이 어떤지 조금은 짐작이 되는 것만 같았다.) 약간의 언덕을 지나 도착한 곳에 있는 집은 요구사항이 많았던 네루다가 단번에 마음에 들어할 만했다. 시야가 확 트이는 넓은 창문과 그 너머로 보이는 태평양의 조화는 없던 영감도 생겨나게 했다.

입구로 들어서자마자 그의 손때 묻은 수집품들이 나를 반겼다. 한 층 한 층 오를 때마다 창가에 앉아 바다를 바라보며 시時만 가질 수 있는 메타포를 찾아 헤맸을 그의 고뇌가 전달되는 듯했다. 하지만 그런 고뇌 속에서도 그 누구보다 행복했을 것이다. 왜냐하면 이곳은 높지도 낮지도, 너무 외각이지도 않은, 언제나 이웃들의 숨소리를 가까이서 느낄 수 있는 그런 평화로움이 공존하던 곳이었으니까.

창문 너머의 넘실거리는 바다를 보며 멀미를 느꼈다. 마리오(문학 작품 《네루다의 우편 배달부》에 나오는 인물 중 하나로 칠레의 작은 어촌 마을에서 우편 배달부로 일을 한다. 그에게는 마을 주민인 파블로 네루다에게 우편물을 전달하는 것이 유일한 업무이다.)가 된 듯했다. 네루다는 마리오에게 "온 세상을 메타포라고 생각하느냐"라고 질문을 던졌다. 온 세상이 메타포냐니, 이것은 흡사 세상이 실제인지 가짜인지라고 물어보는 것만큼이나 철학적이고 어려운 질문이었다. 질문에 대답하지 못한 채 그저 온몸으로 느껴지는 모든 감각에 집중해 보기로 했다. 영화의 한 장면이 파노라마처럼 펼쳐졌다.

"네가 뭘 만들었는지 아니. 마리오?"
"무엇을 만들었죠?"
"메타포."
"하지만 소용없어요. 순전히 우연히 튀어나왔을 뿐인걸요."
"우연이 아닌 이미지는 없어."
  -《네루다의 우편 배달부》(안토니오 스카르메타가 썼으며 파블로 네루다
와 젊은 우편 배달부의 만남을 그린 문학 작품이다 작품을 영화화한 〈일포스티노〉
가 있다.)

　나는 언제나 우리의 삶이 평범함과 특별함의 경계선 줄다리기를 해야 하는 것이라면 특별함을 선택하고 싶었다. 평범한 삶을 시時적으로 바라볼 수 있는 능력, 따분하고 틀에 박힌 일상에서 의미를 찾으려는 시도. 그것이 특별함이었고, 삶의 메타포metaphor였다. 그의 말처럼 삶에 우연인 것은 없었다. 모든 것은 내가 선택하고 보고자 하는 대로 펼쳐질 뿐이었다. 눈에 보이지 않는 의미를 발견하고, 그 너머의 것을 알아차리는 일. 그리고 그것을 나의 것으로 표현하는 것. 결국 삶은 메타포와 같다. 세상이 가진 아름다움을 어떻게 바라보며 표현해내느냐는 나의 감각 끝에 달려 있었다.

　삶을 구성하는 것들은 생각보다 복잡하고 다양하다. 그러나 새로운 시선 속에서 탄생하는 통찰력은 개개인이 느끼는 이질적인 감정들을 하나로 만드는 힘이 있다. 그래서 때로는 강렬하고, 예상치 못한 의외성에 긴장감이 넘치기도 한다. 나는 그런 것들을 경험하는 순간들이 참으로 좋았다. 네루다가 말한 메타포라도 이런 것이 아니었을까.

마리오는, 나는, 깨달았다. 이제 얼마든지 세상을 애정이 가득한 시선으로 바라볼 수 있다는 것을. 바람 속에, 꽃 속에, 태양 속에 그리고 사람 속에, 이 세상 곳곳에는 이미 메타포가 널려 있었다. 우리가 바라보는 모든 것은 생생하게 살아 있었고 우린 그 안에서 함께 살아가는 존재였다.

글이 쓰고 싶어졌다.

삶을 노래하고, 바다를 노래하며

그렇게 내가 음미한 모든 것들을 메타포 속에 담고 싶어졌다.

반갑던 네루다와의 만남을 마치고 그의 온기가 남아 있는 거실과 계단을 지나 커다란 문을 열고 골목으로 나왔다. 가파른 내리막 아래로 이전과는 다른 '일상'이 기다리고 있었다.

개인의 삶을 영위시키는 힘은 어디서부터 오는가. 그것은 다름 아닌 일상을 '처음'의 시선으로 바라보는 힘에서부터 시작된다. 이제는 어떤 눈으로 세상의 아름다움을 발견할 것인가. 그 답을 찾기 위한 여정을 시작할 때임을 직감했다.

여행의 끝을 알리듯 따사로운 햇살과 함께 바람이 불어왔다. 저 멀리서 네루다의 목소리가 들리는 듯했다.

"자네가 머무는 이곳의 아름다움에 대해 말해보게."

글이 쓰고 싶어졌다.

삶을 노래하고, 바다를 노래하며

그렇게 내가 음미한 모든 것들을 메타포 속에 담고 싶어졌다.

나는 여행을 사랑하지 않는다

'나는 여행을 사랑하지 않는다.
그저 삶을 사랑할 뿐이다. 그것도 아주 열렬히,
그래서 나는 떠났다.'

길게는 10년, 짧게는 2년 전의 기록. 지난 몇 년간의 기록을 정리하고 나니 참으로 열심히 여행했구나 싶다. 수없이 많은 여행의 순간 중 어떤 것들을 담아야 할까 며칠을 고민했다. 고민 끝에 가장 못나고 서툰 글들을 선택하기로 마음먹었다. 20대의 나를 가장 잘 보여줄 수 있는 그런 글.

날 것의 기록을 그대로 담아내는 것이 이번 작업의 목표이자 핵심이었다. 물론 지난 여행에 대한 애정을 담아 독자들의 가독성을 위해 약간의 손을 보긴 했지만 가능하면 그때의 감정선은 최대한 살려두려고 노력했다. 시간이 지난 후엔 감정이 퇴색되기 마련일 테니 그 부분만큼은 건드리고 싶지 않았다. 그래서 이 책에 실린 글들은 몹시 서툴다. 그럼에도 나의 기록 중 가장 사랑해 마지않는 기록이기도 하다. 그 어느 때보다 솔직했고, 그 어느 때보다 열렬 했으니.

여행을 왜 떠나느냐는 묻는다면, 나는 조금 더 뜨겁게 삶을 살아내고 싶었기 때문이라고 하고싶다. 그리고 그런 생생함 속에서 자유와 해방감을 만끽하고 싶었다고 말하고 싶다. 그런 순간을 만나려고 여행했다. 그런 나에게 여행은 단 한 순간도 기대에 미치지 못한 적이 없었다. 매 순간 나의 예상을 벗어났고 내가 상상했던 것보다 훨씬 거대한 것들을 선물했다. 질문의 답을 찾기 위해 떠났지만 돌아온 후엔 더 많은 질문들을 던져줬다. 그래서 그런 걸까. 여행을 마치고 현실로 돌아온 후엔 항상 지독한 후유증에 시달리곤 했다. 꿈과 같던 날들을 향한 향수병이기도 했다.(그마저도 내가 선택한 것이라 괴로워하면서도 즐기는 면이 없지 않아 있었지만…)
또다시 사람들이 물었다. 여행 후 너의 그 불안과 고민이 해소되었느냐고. 돌이켜보면 나는 여전히 불안했고 위태로웠다. 애석하게도 불안의 연장선상을 달렸다. 그러나 나는 한 뼘 자라 있었다. 삶은 결코 순간의 여행과 같을 수 없다는 것을 깨닫는 순간 비로소 나는 그 불안을 사랑할 수 있었다.

다시 한 번 스스로에게 질문을 던져본다. 청춘에 대한 해답을 찾기 위해 떠난 여행에서 그 답을 얻었느냐고. 답을 찾지 못했다. 그 질문엔 답이 없다. 어쩌면 그때의 나는 미숙하고 약해 무언가의 도움을 받고 싶었던 걸지도 모른다. 세상에 던져주는 질문을 당해 낼 재간이 없어 감당할 수 없는 마음을 해소할 대상이 필요했을지 도 모른다.

여행 같은 삶을 꿈꿨던 나에게 여행은 매 순간 외치고 있었다. 삶은 여행일 수 없다고. 오히려 그것보다 더 크고 경이롭다는 것 을. 아이러니하게도 떠난 후에야 알았다.

그럼에도 나는 계속해서 여행할 것이다. 여행이 나를 찾는다면 기꺼이 그에게 다시 갈 생각이다. 그것이 나의 청춘을, 나의 순간 을, 완벽히 누리는 것일 테니. 그리고 그것이 나의 청춘에 대한 새 로운 답을 찾아가는 길일 테니 말이다.

그러나 여행을 사랑하진 않을 것이다. 그것보다 더 깊고 풍요 로운 나의 삶을 사랑한 채로, 떠날 것이다.

'푸를 청靑, 봄 춘春'
조금은 불안하고 약하고, 어딘가 덜 익은 나의 청춘.
짧고도 찬란한 젊음의 순간을 온몸으로 만끽한 순간,
나는 그렇게 나의 삶을 사랑하고 있었다.

마지막으로 나의 작은 이 순간이 누군가의 마음에 닿아
자신의 삶을 사랑하는 힘에 보탬이 되기를 바란다.